学术引领系列

国家科学思想库

未来10年
中国学科发展战略

脑与认知科学

国家自然科学基金委员会
中国科学院

科学出版社
北京

图书在版编目(CIP)数据

未来10年中国学科发展战略·脑与认知科学/国家自然科学基金委员会，中国科学院编．—北京：科学出版社，2011
(未来10年中国学科发展战略)
ISBN 978-7-03-032302-6

Ⅰ.①未… Ⅱ.①国… ②中… Ⅲ.①脑科学-学科发展-发展战略-中国-2011～2020 ②认知科学-学科发展-发展战略-中国-2011～2020 Ⅳ.①R338.2-12 ②B842.1-12

中国版本图书馆CIP数据核字（2011）第183245号

丛书策划：胡升华　侯俊琳
责任编辑：牛　玲　汪旭婷　王昌凤／责任校对：朱光兰
责任印制：李　彤／封面设计：黄华斌　陈　敬
编辑部电话：010-64035853
E-mail：houjunlin@mail.sciencep.com

科学出版社出版
北京东黄城根北街16号
邮政编码：100717
http://www.sciencep.com
北京凌奇印刷有限责任公司印刷
科学出版社发行　各地新华书店经销
*
2012年1月第　一　版　开本：B5（720×1000）
2022年2月第九次印刷　印张：15
字数：200 000
定价：78.00元
（如有印装质量问题，我社负责调换）

联合领导小组

组　长　孙家广　李静海　朱道本

成　员　（以姓氏笔画为序）

王红阳　白春礼　李衍达

李德毅　杨　卫　沈文庆

武维华　林其谁　林国强

周孝信　秦大河　郭重庆

曹效业　程国栋　解思深

联合工作组

组　长　韩　宇　刘峰松　孟宪平

成　员　（以姓氏笔画为序）

王　澍　申倚敏　冯　霞

朱蔚彤　吴善超　张家元

陈　钟　林宏侠　郑永和

赵世荣　龚　旭　黄文艳

傅　敏　谢光锋

战略研究组

组　长	郭爱克	院　士	中国科学院上海生命科学研究院
副组长	冯雪莲	研究员	国家自然科学基金委员会生命科学部
成　员	陈　霖	院　士	中国科学院生物物理研究所
	段树民	院　士	浙江大学
	李朝义	院　士	中国科学院上海生命科学研究院
	何士刚	教　授	中国科学院生物物理研究所
	韩世辉	教　授	北京大学
	蒋田仔	研究员	中国科学院自动化研究所
	张　旭	研究员	中国科学院上海生命科学研究院

秘书组

组　长	何士刚	教　授	中国科学院生物物理研究所
副组长	薛　淮	副处长	中国科学院院士工作局
成　员	方　方	教　授	北京大学
	傅小兰	研究员	中国科学院心理研究所
	韩世辉	教　授	北京大学
	蒋田仔	研究员	中国科学院自动化研究所
	李人卫	高级工程师	国家自然科学基金委员会生命科学部

总序

路甬祥　陈宜瑜

进入21世纪以来，人类面临着日益严峻的能源短缺、气候变化、粮食安全及重大流行性疾病等全球性挑战，知识作为人类不竭的智力资源日益成为世界各国发展的关键要素，科学技术在当前世界性金融危机冲击下的地位和作用更为凸显。正如胡锦涛总书记在纪念中国科学技术协会成立50周年大会上所指出的："科技发展从来没有像今天这样深刻地影响着社会生产生活的方方面面，从来没有像今天这样深刻地影响着人们的思想观念和生活方式，从来没有像今天这样深刻地影响着国家和民族的前途命运。"基础研究是原始创新的源泉，没有基础和前沿领域的原始创新，科技创新就没有根基。因此，近年来世界许多国家纷纷调整发展战略，加强基础研究，推进科技进步与创新，以尽快摆脱危机，并抢占未来发展的制高点。从这个意义上说，研究学科发展战略，关系到我国作为一个发展中大国如何维护好国家的发展权益、赢得发展的主动权，关系到如何更好地持续推动科技进步与创新、实现重点突破与跨越，这是摆在我们面前的十分重要而紧迫的课题。

学科作为知识体系结构分类和分化的重要标志，既在知识创造中发挥着基础性作用，也在知识传承中发挥着主体性作用，发展科学技术必须保持学科的均衡协调可持续发展，加强学科建设是一项提升自主创新能力、建设创新型国家的带有根本性的基础工程。正是基于这样的认识，也基于中国科学院学部和国家自然科学基金委员会在夯实学科基础、促进科技发展方面的共同责任，我们于 2009 年 4 月联合启动了 2011～2020 年中国学科发展战略研究，选择数、理、化、天、地、生等 19 个学科领域，分别成立了由院士担任组长的战略研究组，在双方成立的联合领导小组指导下开展相关研究工作。同时成立了以中国科学院学部及相关研究支撑机构为主的总报告起草组。

两年多来，包括 196 位院士在内的 600 多位专家（含部分海外专家），始终坚持继承与发展并重、机制与方向并重、宏观与微观并重、问题与成绩并重、国际与国内并重等原则，开展了深入全面的战略研究工作。在战略研究中，我们既强调战略的前瞻性，又尊重学科的历史延续性；既提出优先发展方向，又明确保障其得以实现的制度安排；既分析各学科自身的发展态势，又审视各学科在整个学科体系和科技与经济社会发展中的地位作用；既充分肯定各学科已取得的成绩，又不回避发展中面临的困难和问题；既立足国内的现状与条件，又注重基础研究的国际化趋势。经过两年多的战略研究工作，我们不断明晰学科发展趋势，深入认识学科发展规律，进一步明确“十二五”乃至更长一段时期推动我国学科发展的战略方向和政策举措，取得了一系列丰硕的成果。

战略研究总报告梳理了学科发展的历史脉络，探讨了学科发展的一般规律，研究分析了学科发展总体态势，并从历史和现实的角度剖析了战略性新兴产业与学科发展的关系，为可能发生的新科技革命提前做好学科准备，并对我国未来10年乃至更长时期学科发展和基础研究的持续、协调、健康发展提出了有针对性的政策建议。19个学科的专题报告均突出了7个方面的内容：一是明确学科在国家经济社会和科技发展中的战略地位；二是分析学科的发展规律和研究特点；三是总结近年来学科的研究现状和研究动态；四是提出学科发展布局的指导思想、发展目标和发展策略；五是提出未来5～10年学科的优先发展领域以及与其他学科交叉的重点方向；六是提出未来5～10年学科在国际合作方面的优先发展领域；七是从人才队伍建设、条件设施建设、创新环境建设、国际合作平台建设等方面，系统提出学科发展的体制机制保障和政策措施。

为保证此次战略研究的最终成果能够体现我国科学发展的水平，能够为未来10年各学科的发展指明方向，能够经得起实践检验、同行检验和历史检验，中国科学院学部和国家自然科学基金委员会多次征询高层次战略科学家的意见和建议。基金委各科学部专家咨询委员会数次对相关学科战略研究的阶段成果和研究报告进行咨询审议；2009年11月和2010年6月的中国科学院各学部常委会分别组织院士咨询审议了各战略研究组提交的阶段成果和研究报告初稿；其后，中国科学院院士工作局又组织部分院士对研究报告终稿提出审读意见。可以说，这次战略研究集中了我国各学科领域科学家的集体智慧，凝聚了数百位中国科学院院士、中国工程院院士以及海外科学家的战略共识，凝结了参与此项工作的全体同志的心血和汗水。

今年是“十二五”的开局之年，也是《国家中长期科学和技术发展规划纲要（2006—2020年）》实施的第二个五年，更是未来10年我国科技发展的关键时期。我们希望本系列战略研究报告的出版，对广大科技工作者触摸和了解学科前沿、认知和把握学科规律、传承和发展学科文化、促进和激发学科创新有所助益，对促进我国学科的均衡、协调、可持续发展发挥积极的作用。

在本系列战略研究报告即将付梓之际，我们谨向参与研究、咨询、审读和支撑服务的全体同志表示衷心的感谢，同时也感谢科学出版社在编辑出版工作中所付出的辛劳。我们衷心希望有关科学团体和机构继续大力合作，组织广大院士专家持续开展学科发展战略研究，为促进科技事业健康发展、实现科技创新能力整体跨越做出新的更大的贡献。

前言

脑与认知科学是以脑为研究对象的多学科汇合的新兴研究领域，是研究人和动物的认知及智力的本质与规律的科学。20 世纪最伟大的生物学家、脱氧核糖核酸（DNA）双螺旋结构的发现者之一、诺贝尔奖得主克里克（Francis Crick）曾说过："如果要想正确地懂得我们在我们周围这个极其广袤和复杂的世界中的地位，我们就必须要比较细致地认识我们的脑。""对我们人类来说，在科学研究中没有比研究自己的脑更重要的了。我们对整个世界的认识都有赖于它。"另一位诺贝尔奖得主埃德尔曼（Gerald M. Edelman）说："脑科学的知识将奠定即将到来的新时代的基础，这些知识使我们可以医治大量疾病，建造仿照脑功能的新机器，对我们自己的本质和我们如何认识世界都会有更深入的理解。"

本书的撰写是基于《关于国家自然科学基金委员会与中国科学院合作开展"2011～2020 年中国学科发展战略研究"的联合工作方案》和《国家自然科学基金"十二五"发展规划编制工作方案》而展开的。其基本原则是突出前瞻性、战略性、科学性和普及性：①前瞻性体现在本书立足现在、着眼未来，展望中国脑与认知科学的发展趋势，谋划未来 10 年促进脑与认知科学可持续发展的战略思路和政策措施；②战略性体现在本书将脑与认知科学的发展规律和国家重大的战略需求有机地结合起来，不仅凝练和把握重要的学术方向，而且从战略高度探索符合脑与认知科学发展规律的资助管理与人才培养机制；③科学性体现在本书建立在数据支撑和事实分析的基础上，并借助文献计量指标等分析工具以及比较研究方法，从宏观到微观等多个层面深入了解脑与认知科学的国内外研究现状与发展趋势；④普及性体现在研究报告既面向科学界也面向公众，力图通过简明扼要且通俗易懂的语言使深奥的科学道理易于理解，以达到促进公众对脑与认知科学的理解和支持这一目的。

根据国家自然科学基金委员会与中国科学院合作开展“2011～2020年中国学科发展战略研究”的安排，脑与认知科学学科发展战略研究组和报告撰写秘书组成立，并于2009年5月7日召开了第一次全体会议。脑与认知科学领域由郭爱克院士牵头，至2010年10月26日，共召集了6次全体会议（召开时间分别为2009年5月7日、2009年8月27日、2009年9月20日、2009年10月18日、2010年3月16日和2010年10月26日）和4次专题会议（召开时间分别为2010年7月2日、2010年9月2日、2010年9月10日、2010年9月18日）。由于脑与认知科学领域涉及的学科广泛，以及战略研究组的专家们工作繁忙，参加研讨和撰写的专家不断变动，所以参加第一次和最后一次会议的专家名单有很大的不同，50多位专家、学者对本书的写作都有不同程度的贡献，在此表示感谢。自2009年5月起，各分支学科牵头人分别通过会议研讨、调研函调研、数据库查询等不同形式，组织国内同行专家开展了充分的调查研究和学科发展战略讨论，逐步形成了本书初稿。初稿在形成后，在各分支学科、战略研究组全体会议及学科小组会议、国家自然科学基金委员会生命科学部咨询委员会、中国科学院生命科学和医学学部等不同层次、不同范围内广泛地征求专家学者们的意见，历时1年多，几经修改，本书最终得以完成。尽管如此，本书仍可能存在遗漏、不完善之处，希望广大读者批评指正。

本书在研讨、撰写和定稿过程中，得到了国家自然科学基金委员会生命科学部、中国科学院生命科学和医学学部的直接指导和大力支持，脑与认知科学学科发展战略研究组在总体策划、专题调研和专家组织方面做了大量工作，承担专题撰稿任务的有33位专家：陈楚侨、陈雪峰、段树民、傅小兰、方方、范勇、郭爱克、耿海燕、高上凯、韩世辉、蒋田仔、何士刚、刘嘉、李纾、罗振革、李量、李葆明、陶乐天、尧德中、沈钧贤、吴思、王晓民、王伟、万有、于春水、袁小兵、任维、朱莉琪、朱滢、章晓辉、张涛、张柯、张旭。此外，还有大量专家参与调研，因篇幅所限，恕不一一罗列。在此，我们对所有参与本书工作的人员和机构深表感谢。中国科学院力学研究所的吕守芹、陈娟两位同志承担了大量的会务工作，一并感谢。最后，也是最重要的，感谢国家自然科学基金委员会和中国科学院对调研的策划和支持。

郭爱克

脑与认知科学学科战略研究组组长

2011 年 8 月 17 日

摘要

宇宙、物质、生命和智力的本质是自然界四大奥秘，而大脑是智力的物质基础。探索大脑、揭示大脑认知的神经机制，是人类认识自然、认识自我的极具挑战性的重要科学命题。人脑约有1000亿个神经元，每一个神经元会通过突触和其他约1000个神经元进行信息传递，神经元之间构成各种功能特异的神经环路，通过各种神经递质及其受体传递信息，产生心理活动和控制行为。在从分子、细胞水平到系统和整体水平上揭示大脑认知功能的工作原理，是目前脑与认知科学的研究发展方向。人类对大脑与智力的探索已有数千年的历史，然而过去的探索基本上是哲学思辨式的讨论和直觉经验的观察，脑与认知科学的发展，标志着人类对自身特有的精神和心理活动的研究、对认知本质和规律的研究以及对大脑与智力和创造力的关系的研究，进入到一个建立在现代科学技术基础上的新阶段。现代分子生物学、细胞生物学、遗传学、影像学和信息科学与技术的发展，为认知科学研究提供了新的方法与工具。面对极为复杂的认知过程，脑与认知科学不仅强调脑的生物学研究，而且注重认知功能研究、心理与行为研究和计算理论分析。脑与认知科学的发展也推动了信息科学等其他相关学科的发展。人类的脑与认知系统是生物长期演化的结果，它在信息与知识的处理、加工与利用等方面的能力是现有的任何人工信息处理系统所无法比拟的。面对信息爆炸时代所产生的通信、计算、控制、识别、推理、判断和决策等重大问题，社会对新的计算模型和信息技术提出了更高的要求，在揭示智力本质的同时研制具有更高智能水平的机器和信息处理系统是人类历史发展的必然。因此，脑与认知科学是研究人类认知和智力的本质及规律的前沿科学，是脑科学、认知科学、心理科学和人工智能等的交叉学科，也必将成为21世纪的带头学科之一。

脑与认知科学的一个重要发展方向是研究高等动物的脑，尤其是人脑的正常功能及其功能失常和紊乱的神经机制。近20多年来，在分子、细胞水平上对脑功能和脑疾病机理的研究，以及在系统和整体水平上对脑功能多层次的整合研究是两大趋势。20世纪90年代初，美国等发达国家以“脑的十年”计划为标志，掀起了脑科学研究的热潮。总部设在巴黎的“国际人类前沿科学计划”，被世人看做是和美国的“战略防御计划”、欧洲的“尤里卡计划”鼎足而立的三大科学计划之一。日本的脑科学家扼要地诠释了脑科学的科学内涵和战略目标：阐明智力与思维的脑机制——“理解脑”；延缓衰老和治疗神经性、精神性疾病——“保护脑”；发展脑风格的人工智能和神经计算系统——“创造脑”；促进儿童教育和防治老龄智力衰退——“营养脑”。包括知觉、注意、记忆、动作、语言、推理和思考、意识乃至情感动机在内的各个层次和各个方面的人类认知和智力活动都被列入研究重点，同时通过将脑科学和信息科学相结合研究新型计算机和智能系统也被列为重要研究方向。

我国《国家中长期科学和技术发展规划纲要（2006—2020年）》将脑与认知科学纳入国家重点支持的八大前沿科学领域，指明其主要研究方向为“脑功能的细胞和分子机理，脑重大疾病的发生发展机理，脑发育、可塑性与人类智力的关系，学习记忆和思维等脑高级认知功能的过程及其神经基础，脑信息表达与脑式信息处理系统，人脑与计算机对话等”。近20年来，脑与认知科学的研究一直是国家攻关和支撑项目的重点内容之一，并被列入“十一五”规划，科学技术部（科技部）和国家自然科学基金委员会等均给予其重大支持，在国家总体学科发展布局中占有重要地位。我国科研人员在神经发育、神经信息传递机理、学习与记忆、感知觉信息处理、阿片类物质依赖机制、疼痛机理、脑疾病与脑保护等研究中取得的一些重要进展，形成了一定的国际影响力。

心理学是研究人类精神活动的科学，研究大脑各个部分如何协同工作以实现各种复杂认知功能、产生智力并控制行为。心理学研究结合行为反应测量和脑影像技术，研究感知觉、注意、记忆、语言等基本认知功能的神经基础，阐明复杂心理活动在神经环路、神经元和神经递质各个水平上的机制。心理学特别注重研究人类的合作、利他等复杂社会行为的认知和脑机制，研究社会文化环境对人类行为及其心理和神经机制的影响。一方面，心理学研究与神经生物学、计算机科学、神经影像学等学科结合，产生新的学科，如认知神经科学；另一方面，心理学研究与医学、经济学等学科结合，研究心理疾病、经济行为的心理和神经基础。因此，心理学研究在国家基础科学发展和社会经济发展两个方面都具有重要的战略意义。近年来，我国心理学研究人员在知觉和注意的机制、汉语信息处理的神经机制、情绪与认知过程的关系、社会认知的神经基础、组织管理和决策行为的心理机制、成瘾行为和精神分裂症的心理和生物学机制、行为与认知的遗传学基础等方面取得了一些具有国际影响力的研究成果。

在未来 10 年里，我国的脑与认知科学应针对人类智力和行为的神经基础、社会环境与经验如何影响脑、怎样维护脑的健康、如何恢复或提高脑功能等重大科学问题开展研究，鼓励提出关于脑工作原理的新理论假设，尤其是鼓励将脑作为复杂的非线性系统，从神经网络等整体观点出发进行系统性研究。在行为与心理学研究领域，根据目前学科发展趋势和国家建立和谐社会的战略发展目标，行为与心理学研究在注重解决重大基础心理学问题的同时，也为解决心理与精神健康问题提供科学基础。脑与认知科学在总体上通过学科交叉研究，争取在神经环路的形成及功能调控、感知觉信息处理与整合、认知的神经基础、社会行为的心理和神经机制、生物神经元网络的动力学及信息加工、脑连接和脑-机接口研究、意识的心理和神经机制、自我意识与自我相关信息的加工、文化与人类认知的心理和神经机制、行为与认知的遗传学基础、人类的决策与行为、人类心理的发展和心理健康等研究领域取得显著的研究进展。

以我国现有脑与认知科学研究基地和人才队伍为基础，通过人才引进与培养、重大研究项目和重点实验室建设等措施，重点建立神经环路结构与功能、感知觉、认知与行为的神经基础、神经元网络和计算神经生物学等研究体系。加强新的研究方法和技术研究，支持实时、在体观测神经活动技术的基础理论和技术开发，重视人工智能的理论、方法和技术创新，以使我国在人才队伍、技术平台和科研水平上进入脑与认知科学研究国际强国之列。

Abstract

The universe, substance, life and intelligence are essentially the four great mysteries of the nature, while the brain is the material basis for intelligence. Exploring the brain and revealing the neural mechanism of brain cognition are challenging and significant scientific tasks for human to understand the nature and oneself. Human brain has about 10 billion neurons each of which communicates with about other 1000 neurons through synapses. Neurons form between themselves various neural circuits of different functions transmitting information through various neurotransmitters and their receptors, so that mental activity and control behavior are generated. Revealing the working principle of brain's cognitive functions from the molecular and cellular levels to system and overall levels is the current research and development trend for brain and cognitive sciences. The human being has thousands years' history of exploring brain and intelligence, however, our exploration in the past is basically limited to the speculative discussion of philosophy and the observation based on intuitive experience. The brain and cognitive sciences is an emerging field of research integrating multiple scientific disciplines whose research subject is the brain and its functions, and is a science studying the essence and rules of human and animal cognition and intelligence. The development of brain and cognitive sciences marks the fact the human being's research on its unique spiritual and mental activity, the research on the essence and rules of cognition, as well as the research on the relationship between human brain, intelligence and creativity have entered a new stage based on modern science and technology.

The development of modern molecular biology, cell biology, genetics, imaging science and information science and technology has provided new methods and instrument for the research of cognitive sciences. In the face of extremely complicated cognitive process, the brain and cognitive sciences not only focus on biological research of brain, but also emphasize the research of cognitive function, mental and behavioral research and computation theory analysis. The development of brain and cognitive science also facilitates the development of information science and other relevant disciplines. The human brain and cognitive system are the result of long-term biological evolution, and it is incomparable by any existing artificial information processing system in terms of information and knowledge treatment, processing and utilization. In the face of major problems in communication, computation, control, identification, reasoning, judgment and decision-making brought about by the era of information explosion, the human society has raised higher requirement for new computation model and information technology, as a result, it has become a necessity in the development of human history to research and develop more intelligent machine and information processing system while revealing the essence of intelligence. Consequently, the brain and cognitive sciences are the frontier science studying the essence and rules of human cognition and intelligence, is the cross-over discipline integrating brain science, cognitive science, psychological science and artificial intelligence, and will inevitably become one of the leading sciences for the 21st century.

One of the important development directions for the brain and cognitive sciences is the research of neural mechanism for the normal functions, malfunction and dysfunction of higher animals and particularly human's brain. In the recent two decades, the research on brain functions and brain disease mechanism at molecule and cell levels, and the multi-level integrated research on brain functions at a systematic and overall level represent two major trends. At the beginning of 1980s, the Project on the Decade of the Brain marked the beginning of the trend on brain science research in developed countries such as the USA. The Paris-based Human Frontier Science Program is regarded by people as the third major scientific program comparable with the USA's Strategic Defense Initiative and the Europe's Eureka Program. Japanese brain scientists explained the scientific meaning and strategic objective of brain science research in a concise manner, that is understanding the brain, namely illustrating the brain mechanism of intelligence and thinking, protecting the brain, namely delaying ageing process and curing neurologic disease and mental disease, creating the brain, namely developing artificial intelligence and neural computing system with the feature of human brain, and finally nurturing the brain, namely promoting children education and preventing mental decline of aged people. Human cognition and intellectual activities at all levels and in different aspects, including perception, attention, memory, action, language, reasoning, thinking, consciousness and emotion and motivation are taken as the focus of research. The research of new type computer and intelligent system combining the brain science and information science also represents an important research direction.

Brain science and cognitive science have been listed in *Guidelines on National Medium-and Long-term Program for Science and Technology Development* (2006-2020) as one of the eight key frontier sciences enjoying the country's support. The program defined the main fields of research as the cellular and molecular mechanism of brain functions, the pathogenesis and disease development mechanism for major brain diseases, the relationship between brain development, brain plasticity and human intelligence, the process and neural basis for advanced cognitive functions such as learning, memory and thinking, brain information expression and brain-type information processing system, brain and computer dialogue etc. In the recent two decades, the brain and cognitive sciences research has always been one of the country's key scientific research projects and has been listed in the Eleventh Five-Year-Plan. It has received great support from the Ministry of Science and Technology and the National Natural Science Foundation of China, and it has a significant position in the country's overall scientific discipline development plan. Chinese scientific researchers have made major progress in the research of neurodevelopment, neural information transmission mechanism, learning and memory, sensory and perceptual information processing, opium dependence mechanism, pain mechanism, brain diseases and brain protection, and consequently achieved a certain degree of international influence.

Psychology is the science focusing on human's mental activities, which studies how each part of brain works together, achieves different complicated cognitive functions, generates intelligence and controls human behavior. Psychology is combined with behavioral response measurement and brain imaging technology to study the neural basis for basic cognitive functions such as sense and perception, attention, memory and language, and to illustrate the mechanism for complicated mental activities at different levels including neural circuit, neuron and neurotransmitter. In psychology, particular importance is attached to the cognition and brain mechanism for complicated social behaviors such as human cooperation and altruism, and the influence of social cultural environment on human behavior, mental and neural mechanism is studied. On one hand, psychological study is combined with neurobiology, computer science and neuroimaging to form a new discipline such as Cognitive Neuroscience. On the other hand, psychology is combined with medical science and economics for studying the mental and neural basis for mental diseases and economic behavior. As a result, psychological research has great strategic significance for both the country's fundamental science and social economy development. In recent years, Chinese psychology researchers have made some research achievements of international influence in terms of the mechanism for perception and attention, the neural mechanism for Chinese language information processing, the relationship between emotion and cognitive process, the neural basis for social cognition, the mental mechanism for organization management and decision behavior, the mental and biological mechanism for addictive behavior and schizophrenia, as well as the genetic basis for behavior and cognition.

In the coming decade, the brain and cognitive science research in China should focus on major scientific problems such as the neural basis for human intelligence and behavior, the way how social environment and experience influence brain, the way how to protect brain health, and how to restore or improve brain functions. It is supposed to encourage raising new theoretical assumption on the working principle of brain, particularly the brain as a complicated nonlinear system. It is also supposed to encourage systematic research from the holistic perspective such as the neural network. In the field of behavioral and psychological research, according to the current disciplinary development trend and the country's strategic objective of creating a harmonious society, it is supposed to provide scientific basis for solving problems in psychological and mental health while attaching importance to solving major fundamental psychological problems. As for brain and cognitive sciences, through an interdisciplinary study, it is supposed to make significant research progress in domains such as the formation and functional regulation of neural circuit, the sensory and perceptual information processing and integration, the neural basis for cognition, the mental and neural mechanism of social behavior, the dynamics and information processing of biological neural network, the brain connection and brain-machine interface research, the mental and neural mechanism for consciousness, the self-awareness and self-related information processing, the mental and neural mechanism for culture and human cognition, the genetic basis for behavior and cognition, the human decision and behavior, as well as human psychology development and psychological health.

Based on the current research basis for brain and cognitive sciences in China, we will pay attention to the neuroscience education and the development of major research centers or laboratories. It is supposed to establish a complete research system covering neural circuit structure and function, sense and perception, neural basis for cognition and behavior, as well as the neural network and computational neuroscience in China. It is encouraged to develop new methods and techniques to achieve the real-time and in vivo neural activity observation. It is also important to develop the theory and methodology of artificial intelligence. These efforts would place China among powerful international counterparts in terms of talents, technological platform and research quality in several important fields of brain and cognitive sciences.

The writing of the Research Report on the Strategic Development of brain and cognitive sciences is based on the Joint Working Plan for China's Discipline Development Strategy Research of 2011-2020 under the Collaboration of National Natural Science Foundation of China and Chinese Academy of Sciences and the Working Plan for the Twelfth Five-Year-Plan of National Natural Science Foundation of China. As a basic principle, the report highlights foresightedness, strategy, scientificity and universality:

a) the report is foresighted because it is based on the present, focusing on the future and it reveals the development trend of China's brain and cognitive sciences, and it also demonstrates the strategic thinking and policies and measures promoting the sustainable development of brain and cognitive sciences in the coming ten years.

b) the report is strategic because it matches the development rules of brain and cognitive sciences with the country's major strategic need, and it not only demonstratesd the important direction for academic research, but also discusses the financial assistance management and talent cultivation mechanisms which comply with the development rules of brain and cognitive science at a strategic level.

c) the report is scientific because it is supported by data and fact analysis, and it has incorporated various analysis tool such as bibliometric indicators and comparative study method to provide an insight of the current domestic and overseas research and development trend of brain and cognitive sciences at both microscopic and macroscopic levels.

d) the report is universal because it not only caters to the scientific circle but also caters to the general public, trying to render the mysterious science understandable with concise and simple language and to promote the public's understanding and support for brain and cognitive sciences.

According to the arrangement of Research on the Development Strategy of China's Disciplines 2011-2020 under the collaboration of the National Natural Science Foundation of China and the Chinese Academy of Science, the brain and cognitive sciences & Cross-discipline Strategy Research Group and the Report-Writing Secretary Group are established. The first plenary meeting was held on May 7th, 2009. Guo Aike, a fellow of the Chinese Academy of Sciences took the lead in the brain and cognitive sciences research, while Long Mian, a research fellow took the lead in biomedical engineering. Up till Oct 26th 2010, six plenary meetings and four seminars have been held. Since the brain and cognitive sciences involve numerous disciplines, more than 50 experts and scholars have contributed to the writing of this report. We give our credit to them. Since May 2009, the leading persons for various sub-disciplines have organized domestic peers to carry out adequate investigation, research and discussion on development strategy through meeting discussion, investigation letter and database query. As a result, a preliminary draft of the report is formed. We sought expert opinion thereupon from different disciplines, the plenary meeting of the strategy research group and discipline group meeting, the Advisory Committee of the Life Science Division of the National Natural Science Foundation of China, and the Life Science and Medical Division of the Chinese Academy of Sciences. The final version of report is completed through more than one year's revision. Nevertheless, this report may still contain omission, fault and even error, thus your criticism and opinion are welcome.

During the discussion, writing and finalization of this report, we have obtained direct guidance and great support from the Life Science Division of the National Natural Science Foundation of China, and the Life Science and Medical Division of the Chinese Aca-demy of Sciences. The brain and cognitive sciences and Cross-Discipline Strategy Research Group has made a great effort in overall planning, special research and expert organization, and there are 33 experts contributing to the writing for special topics. We hereby acknowledge the participation of all persons and institutes contributing to the report on the strategic development research of the brain and cognitive sciences. Last but not the least, we thank the National Natural Science Foundation of China and the Chinese Academy of Sciences for their planning and support for our research.

目录

第一章

脑与认知科学总论

脑与认知科学是以脑为研究对象的多学科汇合的新兴研究领域，是研究人和动物的认知及智力的本质与规律的科学，也是一门用自然科学的手段、方法和技术来揭示脑的工作原理、理解脑的高级功能、研究人类精神世界的科学。大脑是生命活动中最重要也是最复杂的器官，在探索脑-智（brain-mind）关系的征途上，我们面对革命性的机遇和挑战。生命科学正在实现着从基因组学（genomics）到蛋白质组学（proteomics），再到神经连接组学（connectomics）的转变。在未来的20年里，脑与认知科学将进一步从事脑功能的神经环路分析，对脑内的线路作图（wiring diagram of the brain）、实现对基因—脑—行为—认知的进一步理解、加深对自然和人类自身的认识，对知识创新，对心理和精神健康，对信息科学和人工智能技术的进步以及信息科学与技术的发展，对提升和扩展人的能力、改善人类生活品质、增进心理和精神建康，对促进社会和谐安定、增强国家安全等方面，有着极其重要的科学意义。

第一节　脑与认知科学的战略地位

宇宙、物质、生命和智力的本质是自然界四大奥秘，而大脑是智力的物质基础。探索大脑、揭示大脑认知的神经机制是人类认识自然、认识自我的极具挑战性的重要科学命题。对脑正常功能及其功能失常和紊乱的机制研究，能够推进对脑高级功能的理解；促进相应知识在健康、教育、社会管理等领域的应用，为有效地解决众多神经系统疾病和精神心理障碍提供理论基础和策略，同时推动信息科学与技术的发展。因此，神经科学是研究人类认知和智力的本质和规律的前沿交叉科学，是21世纪的引领学科之一。

心理学研究的是人类精神生活的本质。心理学也是唯一一门用自然科学的手段、方法和技术来研究人类精神世界的科学。人类心理活动的物质基础是大脑。人类的大脑是世界上最复杂的系统。大脑的各个部分如何协同工作来实现各种复杂认知功能并产生智力，是目前尚未解决的重大科学问题之一。诸如意识和智力的本质这样的重大前沿科学问题的研究也推动了其他学科与心理学的交叉和相关技术手段的发展。无论是从社会发展和人类进步的需求，还是从科学问题和科学研究本身来看，心理学研究在国家发展战略和基础科学研究发展战略两个方面，都具有举足轻重的地位，其相关科学研究的成果对人类社会的发展有重要的理论意义和应用价值。

第二节　脑与认知科学的发展规律与发展态势

一、神经科学的发展规律与发展态势

人脑约有1000亿个神经元，一个神经元能够通过突触与其他约1000个神经元进行信息传递，形成神经环路和通路。神经递质是在神经元之间传递信息的信使，神经递质通过各种受体产生多种不同的效应，调控神经环路和通路的活动和整合，产生脑高级功能。目前神经科学发展的一个重要方向，是在从分子、细胞水平到系统和整体水平上揭示大脑高级认知功能的工作原理。

脑-智关系是人类自然科学史上最复杂、最困难的问题，人类对脑-智关系的研究已有数千年的历史，现代神经生物学与认知科学和心理学的密切结合，标志着人类对自身特有的精神和心理活动的研究、对认知本质和规律的研究以及对人脑与智力和创造性的关系的研究，进入到一个建立在现代科学基础上的新阶段。同时，现代分子生物学、细胞生物学、遗传学和信息科学与技术的发展为神经科学研究提供了新的方法与工具，对极为复杂的认知过程的研究不仅需要神经分子与细胞生物学研究，而且要结合计算理论分析、认知与心理功能研究。神经科学的一个重要发展方向是研究脑的正常功能及其功能失常和紊乱的机制，近 20 多年来呈现两大研究趋势：一方面，在分子、细胞水平上研究脑功能和脑疾病机理；另一方面，在系统和整体水平上对脑功能进行多层次的整合研究。相应的高时空分辨和在体实时脑功能检测技术正在快速发展，推进了对感觉、学习、记忆、决策、语言、认知、情绪等脑高级功能机制的了解。

神经科学的发展也推动了信息科学的发展。信息科学中的一些重要研究领域，如机器人环境感知、计算机视觉、图像识别与理解、语音识别与合成、自然语言理解与机器翻译等，均与神经科学密切相关。人的认知系统是生物长期演化的结果，它对信息与知识处理、加工与利用等的能力远远超过现有的任何计算机和信息处理系统。面对信息爆炸时代人类所面临的通信、计算、控制、识别、推理、判断和决策等重大理论和现实问题，以及对新的计算模型及信息技术的期求，在揭示智力本质的同时研制具有更高智能水平的机器和信息处理系统成为人类历史发展的必然。

20 世纪 90 年代初，以美国为主，欧洲国家、美国、日本等国家掀起了脑科学研究的热潮，即为 20 世纪 90 年代著名的“脑的十年”计划。耗资 100 亿美元、总部设在巴黎的“国际人类前沿科学计划”，被世人看成是和美国的“战略防御计划”、欧洲的“尤里卡计划”鼎足而立的三大科学规划之一。该计划组织全球性的科技合作，而脑科学研究是“国际人类前沿科学计划”的重点。在日本的“脑科学时代”计划中，关于脑的认知功能及其信息处理的研究是重中之重。日本的脑科学家扼要地诠释了脑科学的内涵，以及这一新时代重大科学前沿探索项目的战略目标：阐明智力与思维的脑机制——“理解脑”；延缓衰老和治疗神经性、精神性疾病——“保护脑”；发展脑风格的人工智能和神经计算系统——“创造脑”；促进儿童教育和防治老龄智力衰退——“营养脑”。包括知觉、注意、记忆、动作、语言、推理和思考、意识乃至情感动机在内的各个层次和各个方面的人类认知和智力活动都被列入研究的重点，结合信息科学研究新型计算机和智能系统也被列为该计划的主要研究方向之一。

神经科学已成为发展最快的前沿学科之一，近几年来取得了突出的研究进展。例如，研究技术取得了重大突破，感光离子通道蛋白的实验为神经科学研究提供了全新的方法和技术，研究人员可以利用外源光确定特定神经元和神经环路，并精确控制其放电活动，利用“光开关”技术让一个神经元或一个突触连接处于激活或关断状态，利用神经荧光蛋白“脑虹”技术可以标记出上百个神经元来显示复杂的神经环路；发现成年大脑中神经干细胞及促使神经干细胞形成神经元的分子，以及成年大脑中新生细胞与终身学习的联系，发现感受温度等感觉信号的离子通道，发现瘙痒觉的分子机制，发现大脑录入新记忆和靶向性记忆删除机制，解析大脑语言系统工作机理；发现精神分裂症、阅读困难、孤独症、阿尔茨海默病（AD）等疾病的新的相关基因；实现了利用从脑中单个神经环路人工引出信号控制瘫痪手腕移动的脑-机接口技术。但是，近年来在神经科学的重大问题上实现突破性进展的整体进程明显减缓，因此需要在基本理论上有新突破来引领新一轮的实质性的快速进展。

二、心理学的发展规律与发展态势

以实验心理学的出现和发展为基础，心理学研究从 20 世纪早期开始，逐步走向了以实验数据为基础的实证研究。从 20 世纪六七十年代开始，实验心理学与认知科学新的思想方法相结合，研究者通过测量人的行为反应，获得了大量的数据，提出了许多关于人类心理活动的理论，这些理论涵盖了感知觉、注意、记忆、语言、情绪、决策等诸多领域，丰富了人类对自身心理活动的认识，这些理论也在其他研究领域（如计算机视觉、经济学等）当中产生了广泛的影响。从 20 世纪 90 年代开始，由于功能性磁共振（fMRI）等神经影像技术的产生及其在心理学和认知科学研究中的应用，科学家们开始研究复杂心理活动如何通过某些神经环路、某些脑区、某些神经元甚至某些神经递质来完成。认知神经科学正是在这些研究基础上发展起来的一个交叉学科，并形成了独特的研究方法。早期认知神经科学研究主要关注感知觉、注意、记忆、语言等基本认知功能的神经基础。从 21 世纪初开始，社会心理学与认知神经科学开始合作研究与人的社会行为和社会认知有关的神经基础。社会心理学研究强调人的社会性，强调人关于自我和他人的认识对人类社会行为的重要性。社会心理学的一些独特的研究范式与神经影像技术相结合，推动了社会认知神经科学的诞生，意识、自我、共情等成为社会认知神经科学研究的重要问题。

人类进入 21 世纪后，心理学研究发展的一个特点是注重心理学理论如何解释人类的社会行为，找出人类社会行为背后的心理机制，理解并调节人的行为，提高社会行为的效率，促进人类社会的和谐发展。心理学研究发展的另一个特点是与神经生物学、医学、计算机科学等学科紧密结合，心理学研究已经不再局限于行为测量、问卷调查等研究手段，而注重采用其他学科的手段和技术，与生命科学特别是神经科学相结合，利用神经科学的各种研究手段，如现代神经影像技术、基因测序技术等，这已经成为心理学研究的新的特点。多学科高度交叉研究大脑与心智力的关系，一方面，推动了探索人类心理活动物质基础的研究不断深入；另一方面，结合神经影像等技术获得的关于大脑活动的神经科学数据也在很大程度上帮助研究者提出了新的心理学概念和理论。总的来说，当前心理学的发展呈现出以下 5 个特点。

1. 认知神经科学发展异常迅猛

无论是从国际核心刊物论文发表的数量还是从高水平论文的分布来看，心理学正在面临一个以全新技术手段对心理现象和行为的神经机制展开大规模研究的趋势。这无疑得益于脑功能成像技术的发展和基因测序技术的发展。对于几乎所有的心理学问题，都有人正在试图从脑功能定位和基因水平的角度进行研究。记忆、语言加工、情绪、注意、空间认知等领域也确实取得了新的进展和成绩。

2. 多学科交叉研究趋势明显

越来越多的本来从事生理学、生物学、物理学、基因组学、生物化学、计算机科学、社会学、数学、逻辑学的研究人员正在加盟到对心理现象和机制的研究中来。

3. 跨文化研究获得重要成果

最近几年，从认知的角度和认知神经科学的角度对跨文化心理学的研究取得了很多重要的成果，文化对人的心理状态和加工特征及其神经机制的影响已经得到国际心理学界的公认，同时，也提出了更多的需要从跨文化角度研究的问题，如文化与基因的相互作用及其与人类认知的关系。

4. 心理学对人类健康的影响日益凸显

在发达国家，随着对生理-心理-社会的健康概念认同度的提高，医学模式和健康促进正在向这样的三维模型转化，已经取得明确的经济效益和社会效益。这为心理学涉及健康方面的研究和应用提供了极大的发展空间。

5. 国际和地区合作日益密切

随着全球化、国际化的发展，原本就重视国际合作的心理学研究领域在国际和地区间的合作发展很快。更多的地区性的国际组织正在形成，各类地区性的国际会议也在更频繁地召开。

第三节 我国脑与认知科学的发展现状

一、我国神经科学的发展现状

神经科学研究一直是国家科技攻关和支撑项目的重点内容之一，并被列入“十一五”规划和“973”计划等重大科技计划，在国家总体学科发展布局中占有重要地位。自20世纪90年代以来，“脑功能和脑重大疾病的基础研究”、“脑发育和可塑性”、“特征捆绑和不变性知觉的脑认知功能成像”、“脑结构与功能的可塑性”、“心脑血管疾病发病和防治的基础研究”、“神经变性病的机制和防治的基础研究”和“脑血管疾病发生和防治的基础研究”等研究项目先后被列入国家重点基础研究规划项目。在《国家中长期科学和技术发展规划纲要（2006—2020年）》中，脑与认知科学被纳入国家重点支持的八大前沿科学领域，其主要研究方向为“脑功能的细胞和分子机理，脑重大疾病的发生发展机理，脑发育、可塑性与人类智力的关系，学习记忆和思维等脑高级认知功能的过程及其神经基础，脑信息表达与脑式信息处理系统，人脑与计算机对话等”。

我国在聚积神经科学研究人才方面已取得显著成效，从事相关研究的高水平中青年人才较多，除了从国外引进了一批优秀的青年研究人才外，国内培养人才的环境也有所改善，培养出一批优秀的青年人才，同时正在出现一些学科交叉型研究人才。国家对神经科学的研究条件和人文环境的多年培育，使一批归国青年学者在国内做出了优秀的研究成果，成为国家杰出青年科学基金获得者。但是，仍然存在缺乏完整的脑科学研究体系和人才结构、复合型领军科学家少等问题。目前，已有4个国家重点实验室和多个省部院级重点实验室具备了较好的研究条件，开始呈现多学科交叉、集中研究的势态。

自2000年以来，我国神经科学研究在一些重要方向上取得了显著的进展。例如，在神经发育研究方面，在神经元极性建立机制、神经营养因子对轴突生长的调节机制、G-蛋白耦联受体与轴突生长导向、导向因子激活的传递方向信号、皮层发育的分子机制等方面取得了显著进展；在神经信息传递机理研究方面，在突触可塑性及神经元整合特性可塑性研究中取得了突出进展，包括轴突和树突中物质转运调节、钠离子通道定位与兴奋性扩布、神经递质分泌的调控机制、伴随突触可塑性的突触前神经元兴奋性的双向调控及整合特性、活动依赖性突触成熟的信号转导机理、神经元-胶质细胞间信息传递的可塑性等；在学习与记忆、感知觉信息处理等脑功能研究方面，取得了突出进展，包括动物声通讯、视皮层神经元“整合野”等视皮层构筑与功能、视觉信息传导环路等感知觉信息传递的神经通路研究，以及抉择行为、跨模态学习、偏离偏好机理、“大范围首先”的拓扑性质知觉理论等脑功能及理论研究；在阿片类物质作用和依赖机制研究方面，在阿片受体转运调控、阿片受体介导基因表达调控、阿片类物质依赖的学习与记忆过程、针刺治疗阿片类物质依赖等机理研究中取得了重要进展；在疼痛机理研究方面，在慢性痛模型感觉通路中神经元基因表达改变、P物质作用机制、疼痛的中枢机制、针刺镇痛机理等方面取得了进展；在脑疾病与脑保护研究方面，在脑缺血神经保护、神经退行性改变、癫痫机制等方面取得了有意义的进展；在《科学》(*Science*)、《自然》(*Nature*)及其子刊、《细胞》(*Cell*)及其子刊、《美国科学院院报》(*PNAS*)、《神经学杂志》(*J. Neuroscience*)等学术期刊上发表许多高水平论文，产生了一定的国际影响力。但目前研究存在缺乏重大突破性理论研究和技术成果、理论研究系统性不强等问题，需要在未来10年中进一步凝练科技目标和研究方向，在提高整体研究水平的基础上，培育更高水平的人才和研究成果。

与神经科学其他领域相比，我国人工智能研究开展得较晚，虽然也涌现了一些具有自主知识产权的人工智能创新学术成果，但总体来讲，我国的人工智能研究成果主要集中在人工智能技术的具体应用领域，人工智能理论与技术方法的研究主要还是跟踪国外的研究方向。将来，我国人工智能技术研究的总体目标将是继续加强在应用领域的深入研究，并结合我国的现有基础和国际前沿研究，对有重要理论与应用意义的课题开展重点研究，缩短与国外的研究差距，创造一些具有自主知识产权的人工智能创新学术与应用成果。

二、我国心理学的发展现状

与欧美等国家和地区相比，我国现代心理学研究发展较晚。近20年来，心理学研究在中国蓬勃发展，目前国内已有200余所心理学的研究和教学机构。从总体上看，我国心理学研究水平与欧美等国相差较大，每年在国际学术期刊上发表的心理学论文所占的比例很小，在有较大影响的顶级学术期刊上发表的论文更少。但是，我国心理学研究者抓住了神经影像技术发展的机遇，从20世纪末就开始把心理学研究与神经影像技术相结合，在21世纪初建立了以神经影像技术为主要技术手段的研究中心，并以我国心理学家独特的辩证思维方式，针对社会文化环境对人类心理活动的影响及其神经基础等心理学中的重大科学问题，开展了比较系统的研究工作，并取得了有国际影响的研究成果。

我国的认知心理学研究关注的主题主要集中在知觉、注意、记忆、语言、数学、思维、情绪等领域。科研人员利用高分辨率的磁共振技术对知觉加工、物体大小表征和注意、知觉学习等主题开展的研究得到国际上相关专家的广泛认可。采用心理物理、电生理等手段开展听觉的研究。对注意的认知过程、神经机制、空间注意的早期调控、选择性注意的资源分配、注意网络的定位、注意对其他知觉任务的影响以及多动症儿童的注意功能的研究等是注意研究的主要关注点。在学习记忆研究领域，主要关注工作记忆与学习过程的紧密关系。对汉语的研究，包括对语言加工、发展及其脑机制的研究，从对认知过程的探索逐渐深入到对神经机制的探索上，热点集中在字词加工和句子加工两个水平上。情绪研究的主要关注点是情绪加工机制，如面部表情识别与面孔身份识别的交互模式、负性面部表情对面孔身份识别的干扰，以及面孔不对称性对面孔学习的影响、情绪对认知的影响等。对情感计算理论和关键技术进行研究，引入 PAD（pleasure-arousal-dominance scales）三维情感模型，修订了简化版 PAD 情感量表并建立中国常模，构建出中国人的三维情感空间模型，搭建了情感与计算之间的桥梁。认知心理学界参与对大脑高级功能整合、学习机制与规律、空间认知、语言认知、智能机器和智能机器人的实现、意识问题等重大前沿科学问题的研究，另外，研究人员还在神经精神性疾病及毒品控制领域的心理学研究方面取得了进展，促进了对疼痛、药物滥用与成瘾的理解。目前较有影响的研究主题有应激及其脑机制、行为与免疫、精神分裂症、成瘾行为及其神经生物学机制、轻度认知损伤的生物学机制等。

第四节　我国脑与认知科学的发展布局

我国脑与认知科学的发展布局应围绕重大科学和技术问题进行，我国脑与认知科学的发展总体布局应包括以下几个方面。

（一）围绕重大科学问题设立重点研究方向

凝练脑与认知科学的重大问题和研究方向是进一步提升我国研究水平的前提。精神活动（如思想与情感）和行为的神经基础、社会环境与经验如何影响脑、怎样维护脑的健康、如何恢复或提高脑功能等是脑与认知科学的重大科学问题。脑结构与功能可塑性研究有助于理解脑被塑造和培育的过程，以及脑随着老龄化而失去“自我”的过程。从基因-环境之间的相互作用来了解环境如何直接影响基因，赋予脑适应不断变化的环境的能力，理解基因和经验之间的相互作用如何影响到脑结构和功能，这些研究对于维护脑的健康和防治神经系统疾病也极为重要。在设立重点研究方向和项目时应鼓励提出关于脑工作原理的新理论假设，尤其是将脑作为复杂的非线性系统，从神经元网络等整体观点出发进行系统性研究，将有助于理解神经元的物理与化学过程如何转变为对外部世界的感知和相应的行为。

在心理学研究领域，根据目前心理学发展的趋势和国家建立和谐社会的战略发展目标，在未来 5～10 年，我国心理学研究应注重解决重大基础心理学问题，也应为解决和治疗由社会发展带来的心理问题和心理疾病提供理论基础，把基础心理学研究成果转化成为直接服务于社会的方法和技术。在认知神经科学领域，应重点开展与社会行为有关的认知活动及其神经基础的研究；在生理心理学领域，应围绕应激所致行为效应的脑机制等重点问题开展工作；在发展心理学领域，应关注婴幼儿发育和老龄化对认知和心理的影响；在社会心理学领域，应加强对社会认知过程和群体认同与互动的影响因素的研究；在健康心理学领域，应采用心理学知识和技术研究心理健康与疾病，促进医学和临床心理学、人格心理学等心理学分支的发展。

（二）建立较为完整的研究体系

以我国现有神经科学研究基地和人才队伍为基础，通过人才引进与培养、重大研究项目和重点实验室建设等措施，重点建立神经环路结构与功能、感知觉、认知与行为的神经基础、神经元网络和计算神经生物学等研究体系，寻求在重大神经科学问题上取得突破。

（三）促进学科交叉研究

神经科学研究涉及多学科前沿交叉研究，而我国神经科学的明显弱点是缺乏实质性的学科交叉研究，没有形成具有较大国际影响力的理论模型和相应的实验研究，没有形成相关学科的互动机制，无法对重要科技问题开展规模式和深入的研究。心理学研究应从多学科的角度研究和解决个体发展中的各种问题，促进心理学分支学科间及其与行为遗传学、人类学等其他学科的交叉。为开展多学科交叉研究，为了对大脑高级功能整合、学习机制与规律、空间认知、语言认知、智能机器和智能机器人的实现、意识问题等重大前沿科学问题进行研究，以及为在神经精神性疾病及毒品控制领域进行研究，同时为应对信息时代所带来的教育挑战提供优化的解决方案，应通过建设区域性神经科学交叉研究基地、跨学科研究项目等形式进行布局，克服我国科研体制机制和人才交流等方面的不足之处，促进学科交叉研究，集中多学科优势研究力量，针对重大前沿科学问题，设置学科交叉重点研究计划。

（四）促进方法和技术创新

神经科学研究方法和实验技术的突破，往往会带来重大的理论突破。因此，需要加强研究方法和技术研究，特别是要支持实时、在体观测神经活动技术的基础理论和技术开发，重视人工智能理论、方法和技术的研究。应有意识地在神经科学的主要研究基地，集中多学科人才，联合工科和企业，以重大项目等方式强力资助神经科学方法和技术的创新。

第五节　我国脑与认知科学的优先发展领域与重大交叉研究领域和重要研究方向

结合重大理论问题、国际研究动向和国内现有研究基础，在今后的若干年内，可以考虑优先资助以下领域。

（一）神经环路的形成及功能调控

神经元是组成神经系统的基本功能单位，而神经元之间通过相互联系形成的神经环路则是神经系统处理信息的基本单位。理解神经元的分化、发育及功能特性和神经环路的形成、调控及信号处理机制是理解大脑工作原理必不可少的基础。传统的电生理记录除了无法避免的创伤外，观察细胞的数目也极为有限。最近发展的多电极阵列也只能同时记录几十或上百个细胞的活动。因此，发展无创伤又具有足够时间、空间分辨率的神经元集群活动观测方法将对解析脑功能有重要意义。现代光学成像的新概念、新原理、新技术将为研究神经信息处理、解析大脑工作原理提供核心手段和工具。随着荧光蛋白的出现和种类的丰富及光控离子通道的运用，光学方法在神经科学研究中的作用将更多地显现。但目前最大的局限在于生物组织对可见光通透性很差。开发能透光的模式生物，使光学技术、荧光蛋白和光控通道技术能最大限度地发挥优势，是极具想象力和原创性的工作，会使对脑功能的理解产生革命性的突破。

重要研究方向包括：

1）神经元命运决定机制，神经干细胞的产生和分化；

2）树突和轴突发育和调控的分子机制，神经元形态与功能的关系；

3）神经元之间建立选择性联系的机制；

4）神经环路中神经信息的处理和整合；

5）神经干细胞对神经环路的修饰、整合和功能调节；

6）建立选择性地系统标记特定类型神经元的方法；

7）发展新的神经活动光学观测方法和技术及相应的模式动物。

（二）感知觉信息处理与整合

人类认知世界始于感知觉，感知觉是高级认知过程的基础。

视觉、听觉、触（痛）觉和嗅觉是感知觉研究中最主要的领域，它们提供了绝大部分的感知觉输入。感知觉信息处理功能非常强大。视觉系统可以在复杂环境中快速准确地识别物体；听觉系统可以从非常嘈杂的环境中提取出重要的声音信息；触（痛）觉系统可以提供具有关键生存意义的信息；嗅觉系统可以对气态化学刺激做出反应。对于感知觉信息处理的研究，不仅可以促进我们对感知皮层中神经环路和神经信息表征的了解（即促进神经科学自身领域的发展），而且对智能信息科学、医学、教育学有重要的推动和促进作用。例如，智能系统的一个核心功能是物体识别，而实现该功能的算法广泛地借鉴了灵长类物体识别的研究成果；对动态场景中的物体识别跟踪训练可以提高人类的多种基本视觉能力，开启一条视觉康复医学发展的新道路。脑的信息处理功能是通过各个层次的神经计算得以实现的，了解感知觉神经信息编码机制，是破译大脑计算方法的关键。神经信息编码与整合机制的研究，涉及多种计算方法的应用，包括统计学方法、时间序列分析方法、非线性动力学方法、多维数据分析方法、系统分析方法、信息学方法等。多年来，利用心理物理学、电生理、脑成像和计算模型等研究手段在行为水平上、单个神经元水平上、神经元集群水平上和理论上对感知觉信息处理的研究，一直处在神经科学研究领域的前沿。对感知觉信息处理的研究充分体现了生命科学和信息科学的结合、定性研究和定量手段的结合，无论是对基础科学的新思路和新理论的提出，还是对新技术的研发，均有极大的推动作用。

重要研究方向包括：

1）复杂动态环境中感知觉信息处理的神经机制及其神经表达的时空特性；

2）感知经验如何影响大脑皮层的结构和功能，即感知觉皮层的可塑性；

3）特征绑定的认知神经机制；

4）特异性物体识别的视觉神经机制；

5）多通道感知觉信息整合的神经机制和计算机理；

6）痛觉调控机理；

7）感觉信息的神经编码机制、数学模型和信息理论；

8）神经系统进行信息编码和处理、介导行为的机制，以及实现抉择和推理的方法。

（三）认知的神经基础

人类大脑是生命和智力演化的伟大成果，探索脑-智关系面临极具挑战性的科学问题。例如，记忆是如何存入又是怎样被提取的？意识的生物学基础是什么？智力和创造性的本质是什么？语言学习为何有关键期？大脑的物质活动如何产生与思维、判断、决策等相关联的精神活动和认知功能？协同行为是怎样进化的？机器学习的极限是什么？对这些问题的解答将对最终揭示脑的奥秘、推动人工智能技术进步、提升和扩展人类的创新能力、改善人类的生活品质、启示儿童教育实践、增强国防科技等方面有着重大意义。

重要研究方向包括：

1）学习与记忆的神经环路、神经编码、存储和读取机制；

2）短时程记忆向长时程记忆转化的遗传及分子细胞机制；

3）选择性注意的神经元和神经环路机制；

4）脑的归纳和小样本学习能力的神经机制；

5）脑发育、可塑性与智力发展的关系，儿童认知能力发展和老龄认知能力衰退的脑机制；

6）意识的神经生物学基础；

7）价值概念在脑内的表征；

8）个体和社会学习及抉择行为的脑机制；

9）脑型人工智能系统的理论与技术。

（四）社会行为的心理和神经机制

社会性是人的本质属性之一，社会活动的成功和社会和谐取决于其成员对他人和自我的正确认识，并据此在复杂的社会环境中作出适当的决策，以促成社会成员之间的协调与合作。社会心理学研究强调人的社会性，强调人关于自我和他人的认识对人类社会行为的重要性。实验社会心理学通过测量行为反应探讨社会认知和社会行为的认知机制。社会认知神经科学结合社会心理学和 fMRI 等脑功能成像手段，研究社会认知和行为的心理和神经机制。这些学科相互结合，研究人类如何在复杂的社会情境中加工与他人和自我相关的社会信息，探索相关的认知机制和模型及相关的神经机制。本领域的研究目标是在脑组织水平上阐明社会认知、社会决策的神经基础及其与社会行为的关系，并揭示相关心理和神经机制的发展，以及异常社会行为的心理和神经基础。

重要研究方向包括：

1）自我意识的心理和神经机制；

2）自我与他人神经表征的差异，理解他人意图和情感的心理和神经机制；

3）合作与竞争行为的心理和神经机制；

4）文化社会环境对社会认知心理和神经机制的调节，及其与神经发育的相互作用；

5）神经发育异常导致的社会认知功能障碍，及其心理和神经基础；

6）人类社会行为决策的心理和神经机制；

7）儿童早期经验和文化社会环境对其社会认知和行为发展的影响，及其相关神经生物学基础。

（五）生物神经元网络的动力学及信息加工

在神经系统中，神经元之间的连接拓扑结构极其复杂，形成了许多复杂的连接模式，最终形成了极其庞大的神经元网络。通过先天遗传和后天学习，神经元网络可以非常协调地产生各种精确功能。因此，了解复杂生物神经元网络的动力学性质及其信息加工功能是计算神经科学的关键领域之一。早期对神经元网络的研究过分简化了神经元的特性，网络结构过于简单而丢掉了生物计算的本质，因而不能描述神经系统的真实结构和功能。最近两项关键技术的革命，使得我们有可能仿真和研究更靠近真实生物系统的大尺度神经元网络的计算特性。这两项关键技术是：第一，多项脑成像技术，它的快速发展使得我们能直接记录大范围神经环路的功能活动，从而为理论建模提供了实验基础；第二，现代计算机科学技术，它的发展使得我们可以构造大尺度的神经元网络模型并仿真脑在系统层面上的功能活动。对大尺度神经元网络的研究，既有用非线性动力学系统方法对大尺度神经元网络数学性质的研究，用超大规模计算机对一个神经功能单元的细致模拟；也有对一个简单模式的动物的全神经元系统的动力学研究。为了研究大尺度神经元网络的动力学特性，人们也在努力发展新的数学工具，如对网络瞬时动力学的分析方法以及有效的简化网络动力学的降维算法。开展宏观和系统水平上的神经元网络研究，将有利于微观和宏观不同层次研究工作的衔接和整合，促进神经科学、信息科学和临床医学等学科的综合交叉研究。

重要研究方向包括：

1）复杂的生物神经元网络的动力学行为及其与脑功能的关系；

2）复杂的生物神经元网络的记忆模型，以及经验如何通过网络结构的可塑性实现学习的功能；

3）大尺度复杂性神经元网络模型的构造和仿真；

4）简单模式的动物全神经元系统的模型研究；

5）抉择、注意、信息动态传输和多模态信息整合等认知功能的网络实现；

6）发展分析复杂的生物神经元网络的新数学工具。

（六）脑连接和脑-机接口技术研究

脑是自然界中最复杂、最高效的信息处理系统，探索脑信息处理的过程是脑认知研究的核心内容。由于脑高级功能不是由单个神经元或单一脑区孤立完成的，而是由许多脑区交互作用来实现的，因此，从神经环路和网络的角度来研究人脑的结构和功能、揭示脑对神经信息的处理机制是非常必要的。利用将高时空分辨率成像技术和现代计算技术结合，建立不同脑区交互作用的脑网络模型及其动态演化规律，将为理解脑的信息加工过程及脑的高级功能开辟新的途径。脑-机接口是在脑与计算机或者外部设备之间建立起来的一种直接的交流通道。通过这个通道，可以将大脑活动的信息直接传出来，并由此实现对外部设备的控制；也可以把外界信息直接传入大脑，或直接刺激动物大脑的特定部位来调控其行为。脑-机接口技术最直接的应用是在医疗与康复领域中。它为存在运动障碍的残疾人和患有多种神经系统疾病的患者，提供一种新的与外界进行交互的方式。此外，脑-机接口技术在军事和国家安全等领域也有重要的应用前景。从基础科学研究的角度来看，脑-机接口技术研究还将对科学技术自身的发展产生重要影响。

重要研究方向包括：

1）建立功能性脑图谱；

2）神经网络拓扑、功能属性及动力学分析；

3）适应不同个体、应用环境和目标的神经信息采集、分析和处理方法；

4）脑-机接口信息提取与处理的自适应与神经可塑性的相互关系；

5）脑-机接口中的神经反馈机制与技术研究。

（七）意识的心理和神经机制

近年来，认知神经科学结合神经成像技术及精巧的心理学实验设计，使得意识问题成为认知神经科学现阶段的一个研究热点，更是一个研究难点。目前，很多认知神经科学研究者将脑功能成像技术（如 fMRI）运用到意识问题的研究中，并且得到了一些关于意识的神经生物学基础的证据。这些实验工作仅仅是关于意识神经基础研究的开始，意识研究领域还有很多未解决的重要科学问题。研究表明，大脑的默认模式与自我加工、自我意识有关，而大脑的默认模式有其进化意义，所以研究清楚意识、自我意识与大脑默认模式的关系，对于我们理解大脑的默认模式的功能意义、进化意义有很大的帮助。目前有较少的研究直接涉及人类意识最深奥的部分——自我意识，如意识如何在自我与外界客体间切换、大脑如何使得意识指向自我等。研究清楚这些问题能够让我们对意识的本质有更好的认识，从而加以利用。世界的存在本质离不开意识的界定。对意识本质的深入研究，将使人类对物质世界的理解进入一片新的天地。

重要研究方向包括：

1）意识与无意识在神经层面的区分其认知神经机制；

2）理解、描述和建立意识的模型；

3）意识如何在自我与外界客体间切换。

（八）自我意识与自我相关信息的加工

“什么是自我”一直是哲学家和心理学家感兴趣的问题，也是人类对自身认识的重要问题之一。过去 10 年里的研究集中于与自我加工有关的认知神经机制的三个方面，即自我参照加工、自我面孔识别和自传体记忆。关于自我参照加工的研究主要使用用来描述个人特质的人格形容词、与自我有关的记忆、情绪刺激以及自我面孔等刺激，确定参与自我相关信息加工的特殊的大脑结构，发现大脑皮层中线结构与皮层下中线结构形成紧密交互的联系，整合成一个系统，成为人类表达和加工自我的神经基础。自动化加工和控制机制是社会认知研究的重要问题，也是目前研究者研究社会认知的基本出发点。研究者认为，自我参照加工和自我面孔识别是由自上而下的机制控制的，而图式化的自我知识的加工是自动的。自我面孔识别是关注外部世界的过程，而自我参照加工和自传体记忆则是关注自我内心世界的过程。未来的社会认知神经科学研究将更准确、更精细地确定上述不同的加工机制，检验传统社会心理学的基本理论，从神经科学的角度增加我们关于自我的心理活动的信息的加工。

重要研究方向包括：

1）自我神经表征是否具有特异性；

2）关于自我物理特征和内心活动信息加工的心理和神经机制。

（九）文化与人类认知的心理和神经机制

人类进化的特点之一是人类通过社会活动不断改造环境，其自身的社会生活也越来越多地依赖于自己创造的环境。在现代社会中，儿童发展的环境绝大部分是人类自己制造的。然而，不同文化人群对生存环境的改变有着巨大的差异，这种差异不仅表现在物质环境上（如城市建设等），也更多地表现在文化环境上（如社会规范、宗教信仰、道德标准等）。现有文化对人类认知神经机制影响的研究加深了我们对自身的认识，也为从神经科学的角度理解人类不同文化群体之间认知和行为的差异提供了依据。但是，这一领域的研究刚刚开始，仍然有大量的重要问题需要解决。文化启动研究，一方面，为大脑结构和神经活动应对社会文化环境变化而产生的理论提供了直接的神经生物学证据；另一方面，这些神经科学的发现对于其他领域有不可估量的意义。例如，对教育的理解、对不同文化背景人群的行为和改变的理解，如果从神经科学的角度来重新审视，一定会得到新的认识；相应的教育、行为指导等具有实际应用价值的问题，也可能在神经科学新的发现和规律的影响下取得重大突破。

重要研究方向包括：

1）文化对不同认知任务的心理和神经机制的影响；

2）对文化敏感和文化不变的神经机制如何影响人类的认知和行为；

3）文化的哪些方面在调节心理和神经机制中起显著作用；

4）文化对心理和神经机制的调节如何参与发育过程。

（十）行为与认知的遗传学基础

在分子遗传学和“人类基因组计划”的推动下，人类的遗传信息不断被破解，使得科学家们开始从基因的角度来理解遗传与环境的交互，以及它们对人类智能的调控。认知能力的形成与发展的遗传学基础，成为这一领域的核心问题之一。从 20 世纪开始，随着遗传学的迅速发展，科学家们不断地发现遗传物质作用于认知能力的证据。行为遗传学在遗传学和行为科学之间搭起一座桥梁，开辟了研究遗传作用与认知能力关系的新途径。虽然研究遗传和环境对认知能力的影响十分重要，但目前的研究存在两个主要的问题。一是研究内容多局限于智力、语言等方面，对于更基础的认知过程，如客体识别，以及更高级的过程，如决策、学习，却鲜见报告。二是迄今为止，大量的研究都在通过研究个体间的共性来关注遗传、环境对于人们认知的一致的影响，然而研究个体间的差异对于我们理解遗传和环境的影响也是十分重要的。因此，在前人研究的基础上，采用新的技术手段、以新的研究角度来探索遗传、环境对认知能力的形成与发展的作用具有重要的科学意义。

重要研究方向包括：

1）遗传和环境如何影响基础认知过程，如客体识别、决策、学习等；

2）遗传和环境影响基础认知过程的个体差异。

（十一）人类的决策与行为

人类如何在不确定的环境中作出适应性反应，从而更好地生存和繁衍下来，是一个重要的科学问题。决策科学、神经经济学、集群行为等众多学科与领域的研究为该问题的解答作出过突出贡献。不确定环境中行为的机制探讨则要借助神经经济学的研究技术和方法。神经经济学综合运用神经科学、心理学、经济学的实验方法和技术手段来研究人类决策行为的神经基础，依然是一个十分年轻的学科领域。风险决策的神经机制还没有得到充分理解。近年来的行为学研究已经发现，人们并非是无限理性的，这暗示人们并不一定像期望法则所预期的那样，对选择对象进行代偿性精确计算，从而对总价值或总效用作出选择。尤为值得注意的是，现有的影像学研究奉行期望法则的风险决策理论，导致其仅停留在根据理论的指导去寻找相应概念的神经基础的层面上，这将妨碍对风险决策神经机制的正确理解。已有的研究很少在复杂、不确定的情境中系统地综合个体心理特征、群体心理特征和情境特征，以考察各类影响因素的交互作用，这就难以解释人类决策的复杂性。

重要研究方向包括：

1）在不确定的情景中决策的心理机制；

2）基于行为的决策理论与方法；

3）风险决策的神经机制。

（十二）人类心理的发展

发展心理学研究应瞄准学科前沿，同时结合国家战略需求。突出发展的背景、毕生观和神经基础研究，跟踪学科前沿；鼓励设计良好的追踪研究，加强对个体心理与行为的发展变化过程和机制的探讨，突出发展心理学研究的特色和优势。在应用发展科学诸多新理论的基础上，以儿童发展中的现实问题为中心，整合多学科知识，最终实现个体、家庭及社会的良好发展；关注发展背景与文化差异的相关性研究，研究生态环境的各个要素（家庭、同伴、早期看护，以及学校、社区、传媒等）、要素间的关系及个体与发展的交互作用方式。

重要研究方向包括：

1）从毕生发展的角度动态描述和解释人类个体的发展；

2）社会行为发展和科学教育中的心理学问题。

（十三）心理健康

心理健康是指个体对自身能力有充分了解，能够正确应对生活压力，能够有效率、有效果地工作，能够为社会作出贡献。从基因-脑-认知-行为的角度研究脑认知功能、心理活动及其神经机制，是心理学未来发展的首要任务。而防治心理疾患或精神疾患前瞻的核心问题定位则是寻找心理、精神性疾病发病的生物学基础，实行早期诊断和早期治疗。由于情绪的非理性特征，人们对自身的情绪体验通常并不完整，因此依赖被试主观报告的情绪测量通常都存在局限；同时，由于情绪的神经机制不明，因此也缺乏有关情绪的客观度量指标。这些问题已成为限制情绪研究进展的重要瓶颈。因此，在未来的研究中，解决这些限制性问题将是研究的重要方向。揭示成瘾药物滥用过程中成瘾记忆的形成与巩固，以及成瘾行为形成后成瘾相关记忆的保持机制，对药物成瘾的预防与治疗具有重要的意义。

重要研究方向包括：

1）心理疾患的认知、情绪、社会影响等机制；

2）焦虑、抑郁等心境障碍的病因学研究；

3）精神疾患的早期识别、预防和干预；

4）精神疾患的非药物干预的神经机制；

5）寻找精神分裂症、双向障碍、抑郁症、多动症、孤独症等精神疾病在不同层次（行为、脑结构与脑功能等）的内表型指标；

6）成瘾的心理和神经机制及其预防和干预。

第六节　我国脑与认知科学领域的国际合作与交流

开展国际合作研究和学术交流可以促进我国神经科学和心理学研究者对国际发展形势的理解，从而增加自己的国际竞争力。应鼓励专业人才体量较小、技术较落后的研究方向（如计算模型、脑成像技术、模式动物等）加强国际合作，增加邀请国外高水平的学者来国内合作的基金支持，并且在项目范围内，增加对派出研究生和国内研究者的资助。我国科学家和国际同行的交流应该是多方面的，应包括：

1）鼓励国内研究者与国外研究者建立实质性合作关系，包括申请各类各级别的国际合作课题，并鼓励国内科研管理机构或研究机构提供一定的配套资金；

2）派遣优秀的中青年科学家出国进修，同时邀请国际著名研究专家来华访问工作，建立实验室，接受来自国外的博士后；

3）与国际上相关领域发展较为成熟的大学、研究机构建立正式合作关系；

4）组织短期讨论班或暑假学校，在举办各种短期学习班时，邀请国际知名专家来讲学；

5）积极举办各种国际性的神经科学学术活动，加强中国神经科学与心理学工作者之间以及与国外同行之间的学术交流。

社会与跨文化心理学、文化与社会认知神经科学、神经心理学等领域，都在探索文化不变和文化特异的心理和神经机制等重大科学问题，这些领域的研究工作涉及的研究对象来自不同文化、不同国家，如果没有跨国、跨文化研究团队之间的合作，完成这些项目几乎是不可能的。国际上对人类决策行为的研究较为前沿的集中在英语国家（如美国、英国、澳大利亚）、德国、以色列等，而我国在该领域的发展尚较为薄弱。国际合作有利于跟踪研究领域前沿，有助于带动国内研究，培养发展心理学研究人才，迅速提高国内发展心理学的研究水平，造就一支具有国际竞争力的研究队伍。

第七节　我国脑与认知科学领域发展的保障措施

对于重大神经科学基础问题的研究要给予足够的重视和较大强度持续性的支持，加强中青年人才培养及团队建设，同时重视科研基地及平台建设，开展国际交流与合作，这些是保证相关领域在5～10年产出有长期世界影响的研究成果的必要条件。加强我国神经科学和心理学研究的自主创新，有必要在一些基础性和共性的研究领域，通过设立研究专项，面向有限目标，集中力量，重点突破，解决长期困扰我们的技术瓶颈，在某些特定领域进行前沿性探索。科研管理部门应继续推进学术研究评价体系的科学化，可阶段性地组织相关领域专家进行讨论交流，以便合理决策重要的基础研究方向，给予基础研究以政策性保障。

进行科学研究，人才是关键，稳定和培养高水平的中青年神经科学科技人才是实现本学科可持续发展的关键。通过科研任务培养高水平研究人才是已被长期实践证明的行之有效的办法。在人才队伍保障方面，实行引进人才与培养人才并重的政策，既提供灵活的措施和手段吸引海外优秀人才和外籍专家来华工作，同时也应重视国内科研队伍的成长和力量整合。良好的科研环境是学科发展的基础保障。可强化重点实验室、国家杰出青年科学基金、重大项目、重点项目中组织工程学科的资助力度和广度，拓宽创新人才成长的渠道，优化创新人才成长的发展环境，充分调动他们的进取心和积极性。

大力扶持有一定科研基础和科研成果的单位，建设多学科交叉研究平台，完善国家重点实验室的学科布局，支持先进科研设备的购买和研发，支持相当数量的工程技术专家参与神经科学研究，提高我国神经科学研究的核心竞争力。推动在条件成熟、特色明确的单位建立不同研究方向的部门重点实验室。尝试在优秀人才相对集中的地域跨单位组建优势互补的国家级研究基地。

对于重大科学问题研究，既要给予较大强度持续性的支持，又要给予研究者宽松的研究环境，这些是保证相关领域在5～10年产出有长期国际影响的研究成果的必要条件。心理学的发展需要国家的科研经费的支持。我国各种科学基金对心理学研究的资助还比较少，资助强度也比较小。例如，目前还没有以心理学问题为主的科研项目获得国家“973”项目的支持，国家自然科学基金委员会的重大研究计划和重点项目对心理学领域的支持也比较少。科研经费的强度，一方面应保证自由探索研究的开展，另一方面也应保证不同团队开展合作研究的需求。因此，科学基金对这一领域的研究需要进行更多的投入，也要考虑神经影像研究的必要性和消耗，在少数项目上应给予较大强度的持续性科学经费支持，从而保证我国在这些领域开展持续性的研究，并由此培养心理学基础研究方面的人才队伍，并通过这些科研项目的实施，不断完善我国对这些领域的科研环境的建设。

第二章

神经科学

第一节　神经科学的战略地位

探索大脑、揭示认知的神经机制是人类认识自然、认识自我的最大挑战和极具挑战性的重要科学命题。脑科学的三大任务是：揭示人脑的奥秘——“认识脑”；寻求防治神经和精神疾病之良策——“保护脑”；发展类似人脑功能的神经计算机——“创造脑”。“认识脑”是“保护脑”和“创造脑”的基础。脑认知科学的创立标志着人类对自身特有的精神和心理活动的研究，对认知的本质和规律的研究，对人脑、智力与创造性的关系的研究，进入一个建立在现代科学基础上的新阶段。在神经科学部分，我们从分子、细胞到神经环路，进而到感知觉系统，从不同水平讨论脑的高级功能、认知机制以及功能异常和疾病，结合脑成像技术在上述研究中的运用，最终讨论、理解脑的最高境界，即用数学模型描述脑的功能。神经科学的发展对推动人类的身心健康、神经精神疾病的防治、人工智能技术进步、提升和扩展人类的创新能力、改善人类的生活品质、启示儿童的教育实践、增强国防科技等方面有着重大的科学和社会意义。

神经元是组成神经系统的基本功能单位，而神经元之间通过相互联系形成的神经环路则是神经系统处理信息的基本单位。理解神经元的分化、发育及功能特性和神经环路的形成、调控及信号处理机制是理解大脑工作原理必不可少的基础。神经环路是信息传递从细胞到系统的桥梁。神经环路的形成、修饰和维持是非常重要的科学问题。在这个过程中，神经元的轴突有时需要穿越很长的距离，才能到达靶组织，随后要与特定的靶细胞联系，有些联系需要维持终生，而有些联系则不断被经验修饰。在经过一个世纪对细胞和突触的研究后，神经环路已经作为一个需要深入探索的问题进入了人们的视线。人类认识世界是从感知觉开始的，感知觉是高级认知过程的基础。视觉、听觉、触（痛）觉和嗅觉是感知觉研究中最主要的领域，它们提供了绝大部分的感知觉输入。对于感知觉信息处理的研究，不仅可以促进我们对感知皮层内神经环路和神经信息表征的了解（即神经科学自身领域的发展），而且对智能信息科学、医学、教育学有重要的推动和促进作用。

利用高时空分辨率成像等现代技术解析神经环路功能性动态调控规律，从而理解脑的信息加工过程及脑高级功能产生原理；在系统水平上研究脑网络活动及调控机制，有利于将微观和宏观不同层次研究进行整合，促进信息科学、神经科学和临床医学等多学科综合交叉。通过脑-机接口通道，直接利用大脑活动的信息控制外部设备或刺激大脑的特定部位来调控行为。脑-机接口技术将在医疗与康复领域、军事和国家安全等领域得到广泛应用。

第二节　神经科学的发展规律与发展态势

神经科学是以脑为研究对象的多学科汇合的研究领域，是研究人、动物和机器的认知与智能的本质与规律的科学。核心问题是人类认知、智能和创造性的本质以及意识的起源，即从较为初级的感觉、知觉，到较为高级的记忆、注意、语言、决策、思维与意识等各个认知层面的脑高级认知活动。神经科学研究经历了从早期的解剖组织学结构、生理功能研究过渡到分子细胞生物学机制研究的过程。目前神经科学发展的一个重要方向，是从分子、细胞水平到系统和整体水平进行多层次综合性研究，揭示大脑高级认知功能的工作原理。另一个重要发展方向是研究脑功能失常和紊乱的机制。未来具有突破性意义的研究技术发展方向是高时空分辨和在体实时脑功能检测技术，它将大幅度地推进对感觉、学习、记忆、决策、语言、认知、情绪等脑高级功能机制的研究。

神经科学的多层次研究趋势日趋明显。一方面，近代生命科学按照还原主义的思想，以从大到小和从上到下的方式，试图将生命现象归结为分子和分子、细胞和细胞的相互作用。然而还原主义并不能解决所有的问题。所以，另一方面，近代生命科学也按照呈展论的思路，试图将已有的研究成果加以总结，绘制出一幅由下至上的生命现象的蓝图。目前脑功能研究的发展更体现了两种研究策略的高度结合。例如，感知觉始于精细的受体、离子通道接受外界刺激，通过信息传换、加工和传输，最终产生高级认知过程（如记忆、思维、决策等）。进一步以视觉科学研究为例，近半个世纪以来，全世界对视觉科学展开了广泛而深入的研究，视觉科学的研究取得了许多令人鼓舞和振奋的进展，但是，在神经递质、突触、神经环路和网络进而在整体及系统的水平上，视觉信息的编码、加工和处理是如何与大脑视知觉的神经机制相联系的？人们对这一问题仍不清楚，这也是现代神经科学面临的巨大挑战。视觉神经机制的研究不仅可以促进我们对视皮层中神经环路和神经信息表征的了解，即神经科学自身领域的发展，也可以对信息科学、智能科学乃至医学、教育学有重要的推动和促进作用。例如，智能系统在工业制造、国防建设、信息管理等领域有重要应用，它的一个核心功能是视觉物体的识别，而实现物体识别的计算机算法广泛地借鉴了高级视觉的研究成果，从脑与认知科学的研究中获得很多理论启发；对动态场景中的物体识别训练可以提高人类的多种基本视觉能力，开辟了视觉康复医学的一条新道路。正是由于这种多层次、多方面的应用和需求，对视觉的研究充分体现了生命科学和信息科学的结合、定性研究和定量手段的结合，对基础科学的新思路和新理论的提出以及对新技术的研发，均有极大的推动和促进作用。

神经系统的结构与功能的高度复杂性决定了多门学科的交叉、多种技术的结合和海量数据的处理，是神经科学研究的必要条件和发展趋势。神经科学的发展也推动了信息科学的发展，信息科学中的一些重要研究领域，如机器人环境感知、计算机视觉、图像识别与理解、语音识别与合成、自然语言理解与机器翻译等，均与神经科学密切相关。人的认知系统是生物界长期演化的结果，它对信息与知识处理、加工与利用等方面的能力远远超过现有的任何计算机和信息处理系统，面对信息爆炸时代人类所面临的通信、计算、控制、识别、推理、判断和决策等重大理论和现实问题，以及对新的计算模型及信息技术的期求，在揭示智力本质的同时研制具有更高智能水平的机器和信息处理系统，已成为人类历史发展的必然趋势。

认知神经科学研究认知过程的生物学基础，它强调精神过程的神经机制问题，它的主要任务是回答脑如何产生心理或认知功能，是心理学和神经科学的重要分支领域，研究内容与生理心理学、认知心理学、神经心理学、神经生物学等学科领域有很多重叠，是基于认知科学、神经心理学、神经科学和计算神经科学理论及交叉的一门学科。由于多学科交叉的背景，除了上述的学科领域，认知神经科学同时需要用到精神病学、神经病学、物理学、语言学、哲学以及数学的知识背景。认知神经科学的研究需要用到包括心理物理学、认知心理学、功能成像术、电生理学、认知基因组学以及行为遗传学在内的实验手段和方法。此外，计算神经科学和认知心理学的理论和方法也是认知神经科学的重要研究手段。

计算神经生物学是新近发展较为迅速的交叉领域。计算神经科学吸收了数学、物理学等基础理论领域乃至计算和信息等工程技术领域的研究力量、理论和方法，是典型的前沿交叉学科。来自多个领域的学者致力于对各个层次神经结构的功能活动进行定量研究，一方面，试图建立定量模型并对其计算求解，以更加深刻地了解神经结构的工作原理；另一方面，试图学习和借鉴神经系统进行信息处理的方式。100多年来实验神经科学积累的丰富观察资料、计算和信息技术的飞速发展、复杂性科学理论的新近进展等，为计算神经生物学的强劲发展提供了适宜的土壤和条件。计算神经生物学致力于建立抽象的定量模型和开展动态、系统、整体的研究，遵循科学发展的规律，体现着神经科学向精密化的新的历史形态长期发展的先进方向，将促进神经科学率先向定量数学化的方向发展。

观测技术的不断进步对脑功能研究起着巨大的推动作用。从早期的组织化学染色和电生理记录到今天的在体实时神经活动记录技术，神经科学研究技术经历了持续性的突破，从而引领学科发展和对大脑的理解。以神经影像技术为例，它是利用生物医学影像设备获取生物体脑组织的形态、生理、功能和代谢等信息的技术，能够在器官、组织、细胞、分子和基因等不同水平，从不同的时间和空间尺度观测脑的活动过程，为研究认知功能提供了前所未有的发展机遇。其中的fMRI技术使人类第一次可以直接地、无创性地“看到”大脑的智力活动，这一划时代的进展必将有力地推动人类探讨大脑这个神秘器官的各种功能。神经影像技术与其他学科的交叉和融合催生了一些新兴领域，脑机交互（brain-computer interface）就是其中之一。总之，神经科学在长期的研究积累的基础上，在不断的技术进步的推动下，正处在出现重大科学突破的前夜。

第三节　国际和我国神经科学的发展现状

一、国际相关研究状态

20世纪90年代曾被称为“脑的十年”，美国和欧洲共同体（EC）分别推出“脑的十年”计划和EC“脑的十年”计划，日本推出“脑科学时代”计划，总预算达200亿美元。知觉和认知、运动和行为、记忆和学习、语言和思考4个问题被列入人类前沿科学十二大焦点问题。美国的认知科学研究获得的支持不仅来自各种基金会，还来自政府部门、军方和工业界。美国国家航空航天局专门设立了支持认知科学与信息科学交叉研究的部门，强调基于认知的科学研究，特别是在理解人类的知觉、运动及认知与现有计算机系统的区别的基础上，发展适合人类的软件工程方法论。美国空军制订了支持认知科学的应用基础乃至基础研究的长期计划，包括“传感器系统计划”和“知觉和认知计划”。“传感器系统计划”的目的在于推动对人类的视觉、听觉和前庭系统的动态输入的理解。“知觉和认知计划”强调对人类较高层次的认知及其信息处理（如人类的学习、在动态环境中识别和评价事件和决策）的研究。这些研究包括多重传感的感知整合、在复杂技能获得中的认知和知觉因素以及注意与记忆对人类行为的基本约束等方面。美国海军的“认知科学基础规划”的基本目标包括五个方面：①确定人类的认知构造；②提供知识和技能的准确认知结构特性；③发展复杂学习的理论，解释获得知识的结构和复杂认知处理的过程；④提供教导性理论以刻画如何帮助和优化学习过程；⑤利用人类行为的计算模型，提供建立有效的具有人-系统交互作用的认知工程的科学基础。美国国家航空航天局、美国空军和美国海军支持认知科学的研究经费远高于美国国家科学基金会的事实表明，认知科学研究具有巨大的应用价值。

为了提高研究人类认知过程及其机制的能力，西方发达国家和日本在近10多年内建立起了成批的脑成像研究中心。德国的马普协会不仅在已有的马普研究所装备起各种脑成像设备，而且建立了装备有fMRI、高分辨率脑磁图和高分辨率脑电图的脑认知成像研究所。脑成像技术的发明和发展成为现代高科技的一个竞争热点，从另一个侧面反映了认知科学正在走向成熟。随着细胞分子生物学的飞速发展，以及“人类基因组计划”的顺利完成，大脑的认知机制在分子、细胞水平上的研究也取得了令人瞩目的进展。

“人类脑计划”源于20世纪80年代神经科学家和具有远见卓识的项目主管部门的讨论，他们意识到数据库建立技术、数据库搜索工具及电子信息交换技术的飞速进展，已经超出了神经科学家使用这些数据库的能力，急需开发一些有效规范的信息平台，使世界各地的人们能像共享基因组、蛋白数据库一样方便地存储、调用正以指数积累增长的神经科学数据。1993年“人类脑计划”的第一批项目公布，标志着“人类脑计划”正式启动。“人类脑计划”的独特性表现在几个方面：第一，每个项目组不仅有实验神经科学家，而且需要信息科学家共同参与；第二，经费来自美国国家心理健康研究所、美国国家药物滥用研究所、美国国家科学基金会、美国国家儿童健康和人类发育研究所等超过15个机构的广泛资助；第三，将神经科学研究基金扩展到新技术尤其是神经信息技术的研究。与“人类基因组计划”一样，“人类脑计划”为神经科学家提供强大的信息支撑，以获得人脑在健康和疾病状态下从分子、细胞、回路到系统多层次的对应数据，极大地促进了人脑工作机理研究和人类健康水平的提高。近几年来，神经科学研究取得了突出的进展，在研究技术上取得了重大突破，例如，神经活动“光开关”技术、神经环路“脑虹”标记技术使人们能够通过精确标记和控制神经元及神经环路活动；在神经干细胞，躯体感觉调控，学习与标记等基础神经生物学研究方面取得了重要进展；在神经精神性疾病分子机理等方面也取得了研究进展；实现了脑-机接口技术的应用。但是，近年来在神经科学的重大问题上实现突破性进展的整体进程明显减缓，因此需要基本理论的新突破来引领新一轮的实质性的快速进展。

二、神经科学的研究技术

近来神经科学研究技术的突破是转基因技术和荧光蛋白技术的结合，在特定的细胞内表达荧光蛋白。例如，通过转基因技术，利用荧光蛋白标记脑内所有γ-氨基丁酸（GABA）能的抑制性细胞或多巴胺能细胞等。进一步结合条件性转基因技术，可以在某一特定脑区的细胞内，通过利用药物诱导，在特定时间表达特定的荧光蛋白或者其他基因元件。为了分辨特定神经元的形态，避免同类神经元突起相互缠绕而无法分辨，产生了利用同源重组标记少部分细胞的技术和利用特殊启动子在不同部位表达差异的技术。这两种遗传标记方法，可以如同高尔基银染法一样，离散标记神经元并显示形态，也能够在标记到的神经元当中特异性表达或者敲除某些基因。前者由于利用了有丝分裂期同源重组过程，可以在胚胎早期就诱导相关基因的表达，因此可以用来研究早期发育和回路形成。后者主要在发育晚期及成年期利用Thy1启动子诱导条件性基因敲除相关元件的表达。这两种技术为分析神经元形态、基因功能，特别是某些全部敲除致死性的基因功能，提供了研究方法。由于近年来荧光蛋白种类不断丰富，转基因技术在不同种类神经元中表达不同类型的荧光蛋白的方法也越来越显示出巨大的优势。但即使在同一脑区的GABA能神经元可能也有多种类型。如何进一步提高这个方法在细胞类型上的分辨率，是今后多年内可能存在的挑战。虽然有了一些成功的例子，如哺乳动物视网膜神经节细胞中的α细胞和方向选择性细胞中的某几个亚型，能通过转基因的方法选择性地标记上整个类群，但在目前的情况下，这些还只是偶然的幸运发现，如果需要了解一个脑区中一类神经元的形态和联系，需要更多地了解其细胞类型决定的内在逻辑。随着基因芯片技术的普及，一些实验室开始利用单细胞基因芯片分析的方法来找出不同神经元之间的差异，找出它们特异表达的基因，进而找出某些类型神经元的标签。同时，大范围的原位杂交也为提供某些可能标签提供参照。例如，通过在视网膜当中寻找表达具有马赛克（mosaic）分布的基因类型来判断是否为某些类型神经元的标记基因，从而导致撤光型方向选择性细胞的标签被发现。

三、神经环路的形成及调控

神经系统功能的发挥在很大程度上依赖于正确的神经环路的

形成。因此，神经环路的形成及调控是目前神经科学研究中最受重视的领域之一。霍华德·休斯医学研究院（HHMI）成立的Jenelia Farm研究所将其研究的中心领域确定为神经环路就是极好的证明。神经环路的研究重心主要在于三个方面：神经元分化迁移和轴突导向，突触形成，环路维持和可塑性。神经环路的搭建，依赖于在准确的时间和空间范围内，正确数目的神经元到达指定位置；在环路形成当中，还要涉及适度的神经元通过细胞凋亡被及时清除。因此，神经元在发育当中的分化、迁移和凋亡过程，对神经回路的形成起着重要作用。许多影响该过程的基因突变，都会造成神经回路部分功能的缺失，甚至引起严重的神经系统异常。例如，LIS1 蛋白的突变能够引起神经元的迁移发生停滞，该基因突变在人类中可以导致无脑回症（lissencephaly）的发生。通过遗传学或者电击转染的方法，对相关基因和功能的探索日益深入，并且在一段时间内还会持续。同时，通过遗传学或者化学手段特定影响某些类型神经元的分化、迁移和凋亡过程，观察神经环路的变化，可以为我们分析神经系统功能提供有力的工具。例如，通过基因改造小鼠，使视网膜当中的光感受器完全发育成视杆细胞而无视锥细胞，观察下级相连的水平细胞的结构变化，来分析环路形成过程。随着条件性基因敲除小鼠的发展，利用药物或温度诱导基因表达，在特定时间内消除某类神经元或者使其丧失功能（不能释放神经递质）成为可能，并分析相关联神经环路的结构和功能变化、行为学改变。例如，现有的果蝇品系可以通过温度控制某些外源基因的表达，在果蝇的 Johnston's organ（JO，约翰斯顿器官，为果蝇的听觉器官）中转入高温控制表达的 tetanus toxin（一种可以阻断囊泡释放的蛋白），在正常温度下果蝇正常发育、功能正常，利用高温诱导表达后，使 JO 功能丧失，对果蝇的重力感知产生影响。轴突导向在过去的 20 多年中已经得到广泛深入的研究。研究者对许多引导轴突生长的梯度分子，及其相互作用的受体及受体与配体作用后引起的细胞内变化，都已有了相当的了解。但这并不意味着轴突导向在今后的几年中不会受到继续的关注，可能有新的导向分子、新的受体被发现。而对于不同的通路，同样的导向分子和受体也可能起着不同的作用。最近的研究指出，神经元的轴突导向，除了经典的扩散性或接触性梯度模型，其受体分子表达的时空分布甚至可变剪切都能起到重要作用。同时，进一步了解轴突导向的机制及其通路，能够为轴突损伤和再生提供有效支持。

轴突终末到达靶位置以后，需要与特定的细胞形成联系。在神经系统的许多部位，这种选择性不仅反映在特定的轴突终末与特定类型的靶细胞形成联系，还反映在这种关系的形成是拓扑图的对应关系。例如，视网膜到上丘或者外侧膝状体的投射中，视网膜的不同位置神经节细胞与轴突投射的靶位置之间具有非常准确的对应关系，这其中可能涉及扩散性浓度梯度、神经活动和黏附分子的共同作用。扩散性浓度梯度对拓扑结构的形成，最明显的例子是鸡胚的视顶盖系统，包含了EphrinBs和Wnt3两种梯度的共同作用。在EphrinBs梯度产生的吸引作用和Wnt3梯度产生的排斥作用平衡下，轴突就会精确投射到对应位置。关于神经活动在环路修饰中的作用，有经典的Hebbian学习律理论解释，而且在很多系统中，也一再被证实。例如，被河豚毒素（TTX）阻断眼内神经活动的猫，其视觉优势柱不能正常形成。近年来，人们发现，浓度梯度和神经活动还存在相互关联，如Ephrin的梯度影响投射位置的作用依赖于神经元的活动和发放。在阻断了神经元活动的情况下，梯度影响投射的作用消失，因为梯度分子的受体必须依赖神经元的活动而产生功能。对于特异选择性连接的分子机制，才刚刚开始受到重视，这主要体现在许多系统的轴突投射具有非常好的分支、分层结构或者特异性连接，这种良好的特异选择性连接很可能依赖于某些表面分子的排斥和黏附作用。例如，果蝇中的Dscam基因通过可变剪切具有多种不同产物，在不改变其mRNA水平的条件下，如果突变体果蝇的可变剪切数目受到影响，其神经元轴突的投射就会被扰乱。此外，在果蝇嗅觉系统的发育当中，嗅觉投射神经元和嗅觉受体神经元的连接具有高度特异性。这种特异性投射连接，甚至在成年损伤后也能恢复到原有的连接方式。而在哺乳动物嗅觉系统中，嗅觉感受器和僧帽细胞之间特异联系的形成也是一个极好的例证，这些神经回路的搭建都可能需要神经元表达某些特异性分子。同时，这种特异性相互连接在发育时期或者成年时期可以具有某些特殊功能。以小脑 Purkinje 细胞为例，幼年时期由于相互间具有特异性水平连接，所以行波可以在小脑中传播；而这种特异性的连接在成年时期被清除，小脑中的行波随之消失。同时，如果幼年时期消除这种特异性的水平连接，行波也会消失。

成熟的神经环路所编码的信息是一个重要的问题。同一系统中有许多神经环路，编码各种不同的信息。理解神经环路的形成和调控，是理解神经环路信息编码的基础。各种新型分子标记的产生，为神经环路的描绘提供了有效工具。现在，已经可以利用某些蛋白或者病毒跨突触运输的性质，标记整个神经环路。例如，在小鼠的味觉系统中，感受甜味和苦味的是两个不同体系的细胞，通过跟踪不同的味觉受体共表达 WGA 蛋白（一种可以跨突触运输的蛋白质），就可以标记到不同味觉投射通路。而在系统中的不同水平，信息将有所整合。经典的生理刺激方式，主要是对动物的初级感觉系统进行物理或者化学刺激，或者利用电极来刺激特定脑区。在现阶段，各种光控离子通道的产生，为人工控制某类神经元活动，进而分析整个环路神经编码方式提供有效工具。例如，在大脑皮层快速发放中间神经元的过程中表达通道视紫红质蛋白（channel rhodopsin），通过一定频率光照可以诱导它们产生相应频率的发放，从而在脑中产生 γ 波，并且产生特定的知觉处理过程。这些方法对动物损伤更小，同时能够准确刺激某个类型的全部或部分细胞，可以使其更加活跃或者沉默，因此可以直接调控环路中任何等级神经元的兴奋状态。同时，更好的活体成像技术，如双光子显微镜在体钙成像，能够在比较深的部位观察和控制神经元活动。

神经环路的维持也是一个重要的问题。虽然成年动物神经系统绝大部分不再有大量细胞更替，但是一些特定的系统（如海马和嗅球）当中就有新生成的神经元在成年后不断加入到原有环路当中，而且其活动也被近来越来越多的研究提示与学习、记忆等活动有关。例如，阻断海马神经元的生成，依赖于海马的学习记忆能力受到抑制，而不依赖于海马的过程没有受到影响。此外，学习或训练本身能够提高成年动物大脑的神经元生成效率，甚至自主的运动行为能够恢复被辐射损伤后的海马神经元生成。同时，通过观察干细胞在脑内产生并整合进入相应环路的过程，为这个环路的搭建和功能产生过程提供线索。例如，在小鼠嗅球当中，成年后会有干细胞迁移进入，并且整合到环路里，这些新进入的神经元，其形态、可塑性和功能都有独特性质。而在嗅觉系统中，嗅上皮中的嗅觉受体在不断更替，所以其投射到嗅小球的轴突终末如何形成正确的联系是一个始终存在的问题。即使不再有细胞的更替，突触也会有形成和消失的过程，已有细胞之间的联系也有持续更新的问题。更进一步，在神经系统出现疾病和受到损伤时，神经环路如何修复，或者功能代偿如何产生，也是对人类健康有着举足轻重作用的问题。新近干细胞研究的进展，为全能干细胞甚至诱导产生有医疗意义的神经干细胞带来了希望，但是，如何让新生细胞合理进入原有环路并产生相应功能是重要的科学问题。例如，通过诱导成年体细胞形成全能干细胞后，在体外可以生成神经元，如果移植到新生小鼠的脑中，这些全能干细胞可以分化成为神经元，并且具有功能。但是，对成年动物来说，特别是具有损伤或者某些疾病的动物模型，新生细胞如何与其他细胞形成正确连接，则是更重要的科学问题。

四、认知神经科学

认知神经科学可划分为四大学科领域：发展认知神经科学、社会认知神经科学、进化认知神经科学、行为认知神经科学。

（一）发展认知神经科学

发展认知神经科学是近年兴起的一门年轻学科，它研究神经发育与儿童认知发展之间的关系，是一个多学科交叉的研究领域，涉及神经科学、发展心理学和认知科学。发展认知神经科学研究的核心科学问题是：脑的发育变化（解剖学、化学、生理学的变化）与儿童认知能力（运动、情感、语言、知觉、认知）的发展如何相互关联？学习为什么在发育的某些特定时期会得到增强，其神经机制是什么？知识是如何组织的？它与脑发育的关系又是什么？遗传与环境因素如何影响或驱动认知能力的发展？当代研究技术的突飞猛进，使得跟踪发育过程中脑结构的精细变化成为可能。发展认知神经科学常用的研究手段包括：成像技术，基于脑的代谢、血流或电活动，对发育过程中的脑结构和功能变化进行作图；计算模型，对神经网络和认知过程进行计算建模，把发育神经解剖的数据与发育过程中的行为变化数据整合起来；病例研究，从发育的角度研究儿童脑疾病（如自闭症），通过比较正常和异常儿童的脑发育，来揭示皮层可塑性的程度和局限。

（二）社会认知神经科学

社会认知神经科学是近年来出现的一门年轻学科，它结合社会心理学和脑功能成像技术研究社会认知、社会情感经验和社会行为的心理和神经基础。目前，社会认知神经科学关注的重要科学问题包括理解他人心理活动的脑机制、表征自我或自我概念的认知和神经基础、自我行为和情绪控制的机制、利他和合作等社会行为的心理和神经机制等。长期以来，自主和被控的社会认知之间的区分是社会心理学理论的核心，两者在控制社会认知的神经区域上是可分开的。此外，内部关注（即关注自我和他人的心理“腹地”）与外部关注（即关注自我和他人的外在表现）之间的区分，则是来自社会认知神经科学研究，而不是来自现有的心理学理论。由此可见，社会认知神经科学对社会心理学理论有着直接的、创新的贡献。我们知道，与社会相关的神经功能是在儿童早期慢慢发展起来的，是基因、社会和文化环境以及儿童自身行为的复杂相互作用的结果。发现适当的技术手段来描述这些复杂的相互作用，及其在真实社会认知发展过程中的作用时间点，是科学家面临的巨大挑战，这一挑战直接驱动了发展社会认知神经科学的出现。发展社会认知神经科学研究正常和异常社会认知情况下的模仿、冲动、新异探究、冒险、自我和社会意识、情绪调控、道德推理和实施功能。

（三）进化认知神经科学

根据达尔文的理论，进化塑造了所有生物体。生物的所有器官，包括复杂的脑和神经系统，都是在自然选择和性选择压力下进化而来的。然而，直到最近，认知神经科学家才开始应用进化理论和方法研究人类的脑和行为，从而导致一门崭新学科——进化认知神经科学的诞生。进化认知神经科学的研究内容覆盖认知神经科学的所有方面，从非人灵长类脑和行为的关系到人类的认知与意识。认知功能的每个层面，包括生殖与亲属认知、空间识别和语言、自我意识与社会认知等，都有适应和进化的问题。从进化的角度思考脑的结构、功能和行为的关系，使我们对脑与行为的关系有了全新的认识。例如，进化认知神经科学已经形成一个新的理论，来解释脑体积较大的动物的脑在个体发生和发育上为什么需要显著长的时间。应用fMRI技术，科学家们对罗曼蒂克式的异性吸引行为、空间认知的性别差异进行了深入研究并作出进化解释。此外，科学家们根据镜像神经元系统的发现，试图对语言进化作出理论解释，对非人灵长类动物的心智也有了一个基本理论。进化认知神经科学的基本框架及科学问题主要有以下几方面：

1）脑和脑体积的个体发生；

2）大脑半球不对称、功能一侧化和利手；

3）生殖与亲属选择，生殖努力与成功的社会控制；

4）爱情、依恋和交配选择；

5）社会认知，心理阅读与自我意识。

进化认知神经科学应用的技术手段包括脑活动测试、神经心理学病例研究、脑刺激研究以及多学科交叉途径。总之，虽然进化认知神经科学的研究可以说是五花八门的，但它们的目的是相同的，即揭示心智的工作原理及进化历史。作为认知神经科学研究主题的外延，进化认知神经科学亦旨在揭示心智活动的种属差异性与相似性，以及理解人类心智及其神经生物学机制的进化能力。

（四）行为认知神经科学

行为认知神经科学的基本框架及科学问题包括：①知觉；②注意；③学习和记忆；④镜像神经元系统；⑤抉择；⑥意识。

注意是个体选择性地专注于环境的一个方面而忽略其他方面的认知过程，也被定义为处理资源的分配过程。注意是心理学和认知神经科学研究最广泛的主题之一，也是教育学、心理学和神经科学研究的一个主要课题。当前，注意的认知神经科学研究包括以下几项主要内容：确定产生注意的信号起源；注意信号对感觉神经元调谐特征的效应；注意与其他认知过程（如工作记忆）的关系。

镜像神经元是认知神经科学领域近年来最重要的发现之一。科学家们推测，这一系统提供了知觉-行为耦合的生理学机制，在行为模仿和语言能力获得方面有着重要的作用。一些研究者甚至推测，镜像神经元系统使个体能够通过观察对他者的心理活动进行解读。还有学者提出，镜像神经元系统的损伤是认知疾病（如自闭症）的神经基础。然而，迄今为止，尚没有广为接受的神经或计算模型来描述镜像神经元是如何支撑模仿等认知功能的。

抉择是从多种可选项中挑选出有利结果的思维或认知过程。每个抉择过程都会产生一个决定或选择，这个决定可以是一次行为操作或是某个确定的想法。人们可以从多个视角来研究人类的抉择过程。心理学家研究个体抉择时的需求、偏好以及价值取向。认知科学则研究抉择过程中个体与环境相互作用。而且，抉择也可以被看做是解决问题的活动。一旦合理的解决方案被找到，抉择行为也就终止了。所以，抉择是一个推理或者情绪化的过程，可能是合理的，也可能是不理性的；或基于明确的假定，或基于默许的规则。脑成像技术研究表明，前扣带回、眶额皮层以及腹内侧前额叶是参与决策过程的脑区。这些脑区神经活动的模式取决于决策是遵从主体的意志还是追随他人的引导。腹内侧前额叶受损的患者在决策过程中遭遇障碍。

长期以来，心理学和神经科学排斥把意识作为独立的研究主题。与意识相关的研究内容亦被列在“注意”条目下。现代的意识研究是基于心理统计学研究和意识状态相关的病例研究。这些病例的感觉或认知障碍通常是由脑组织切除、卒中、外伤或手术损伤所造成的。通过这类研究发现，心智是源于多个功能模块的复杂构造，这些功能模块最终被整合成完整的意识。研究表明，不同临床病例下的意识缺失有着共同的机制。持续植物人状态的患者丧失了大脑皮层的高级功能，但依然保存睡眠-觉醒周期，有完好的或部分完好的自主神经功能。持续性植物状态（PVS）患者的大脑深部区域（脑干和丘脑）与大脑皮层之间的联系受损，其大脑皮层的一般活动水平偏低。一些神经电生理学家认为，意识丧失的一个特征就是时间解调能力的丧失，就像一部老旧留声机以非常慢或者非常快的速度放唱片，开始表现为注意力丧失，继而沉睡、昏迷，终至死亡。意识的不同组分似乎可以通过使用麻醉、镇静及催眠等手段加以分离。这些药物可以选择性地作用于不同脑区，不同程度地剥夺意识的不同组分。例如，回忆信息的能力可以通过作用于海马的麻醉药被剥夺。在回忆能力出现问题的时候，海马区域的神经元对麻醉药特别敏感。对海马神经元的直接麻醉可以显现人或动物在回忆能力丧失时的脑电图效应。意识丧失也可能出现在其他的一些条件下，如癫痫、普通麻醉，甚至在深度（慢波）睡眠时。目前，得到广泛认同的、有关意识丧失（或时间解调丧失）的一些假说认为：①意识需要一个广泛的皮层网络，特别是额叶、顶叶和颞叶；②意识需要大脑深部结构（特别是丘脑）与大脑皮层的合作。这些假设有一个共同的名词，叫做“全局主义理论”，它认为一个广泛的、完整的全局神经网络是意识与外部现实世界交互作用的基础。此外，许多化学物质也可以影响人类的意识，如睡眠药物（咪达唑仑）让大脑从觉醒的、有意识的状态进入睡眠的、无意识的状态，而唤醒药物（氟马西尼）的作用则相反。此外，酒精、尼古丁、四氢大麻醇（THC）、海洛因、可卡因等也能改变意识状态。双侧切除中央内核（丘脑板内核的一部分）可以导致意识丧失、昏迷、植物人状态及其他一些类似脑死亡的特征。中央内核也是普通麻醉和抗精神药物的主要作用位点。这些证据表明，正常功能状态的丘脑是我们人类意识必要的、但非充分的条件。

五、认知障碍的神经影像学研究

认知是机体认识和获取知识的智能加工过程，包括感知、注意、学习和记忆、思维和语言等。认知障碍泛指各种原因导致的上述认知功能损害，通常以记忆、注意、感知和思维等认知功能异常为核心特征，但可伴有情感和行为障碍。大多数神经精神疾病都伴随有认知功能受损或以认知功能受损为核心的临床表现。例如，阿尔茨海默病以记忆障碍为首发的、主要的临床表现；精神分裂症则以思维障碍为主，并有注意、记忆等多种认知功能受损。认知功能障碍是患者致残的主要原因，而精神残疾给家庭、社会和国家带来了沉重的经济和社会负担。据世界卫生组织统计，当前神经精神疾病占疾病总负担的20%，到2020年将上升至疾病总负担的1/4。此外，神经精神疾病初期常常缺乏特异性的脑结构和功能的改变，其临床诊断、预后评估、疗效评价等往往依赖于医生的经验、量表和一些辅助的生化检查，缺乏客观、定量的诊断标准。神经影像学技术的发展不仅为理解神经精神疾病的病理，生理机制提供了新的研究手段，同时也有望为神经精神疾病的早期诊断、预后评估、疗效评价提供客观的生物学标记。因此，以认知障碍为主的神经精神疾病的研究是当前认知障碍神经影像学研究的重点。脑结构是脑功能的基础，正常脑功能的实现离不开正常的脑结构。我们将从脑功能影像和脑结构影像两个方面来分别介绍认知障碍的神经影像学研究现状。

（一）脑功能影像学研究

认知障碍的脑功能影像学研究通常从以下两个角度开展：

1）诱发脑活动，即依据刺激-响应模式研究人脑在某类特定心理活动时的脑活动。

2）自发脑活动，即研究人脑在无任务状态或称做静息状态下的自发活动。大脑占人体重的2%，却占用人体大约20%的能量消耗。然而在大脑所有的能量消耗中，仅不到5%用于对外在刺激的响应。因此，从能量消耗的角度来看，大脑固有的自发活动在整个脑功能中具有极为重要的作用。日常经验也告诉我们，当没有特定的认知任务时，大脑并没有保持静止，而是持续地产生一些内在的认知过程。因此，研究自发脑活动对于我们更好地认识大脑处理信息的过程以及分析大脑在一些疾病状态下的表现具有非常重要的作用。此外，研究自发脑活动不需复杂的任务设计，尤其适合于难以遵从实验指导与认知功能损害严重者，因而成为近年来脑认知障碍的脑功能影像学研究的新的发展方向。此外，研究者也越来越清楚地认识到，脑的高级功能不是由单个神经元或单一脑区所能独立完成的，而是由许多脑区交互作用来实现的。认知障碍的产生，不太可能只是由于单个区域异常，而更可能是多个脑区功能交互异常的结果。并且，研究已发现认知障碍患者往往存在多个脑区的结构和功能异常。因此，认知障碍研究的另一个发展方向是：从对局部脑区活动模式的研究发展到对脑区之间交互作用的研究，进而发展到对多个脑区组成的脑网络的属性的研究。

根据研究目的的不同，当前认知障碍的静息状态功能性磁共振成像（R-fMRI）研究可以归结为两大类。第一类，低频振荡的属性研究，即通过比较认知障碍患者和正常对照者在静息状态下脑区低频振荡的属性的差异，以发现患者自发脑活动的异常模式，并研究这些异常与患者临床特征或认知功能障碍之间的关系。常用的检测低频振荡的方法有ALFF（amplitude of low frequency fluctuation）方法、COSLOF（cross-correlation coefficients of spontaneous low frequency）指数方法、ReHo（regional coherence）方法、静息状态下偶然自发激活的检测方法等。ALFF方法是从频域角度考察低频振荡振幅；COSLOF和ReHo均是考察脑区内部体素时间序列的相关性，因此可称为区域内的连接度量。这些方法已分别应用于检测静息状态下注意缺损多动症、阿尔茨海默病、精神分裂症患者低频振荡信号的异常。第二类，功能连接研究，即通过比较认知障碍患者和正常对照者静息状态下脑区之间低频振荡信号在时间上的相关性的差异，以发现患者脑功能连接或功能网络的异常模式，及其与临床特征或认知功能障碍之间的关系。脑功能连接的概念最早出现在电生理的研究中，在20世纪90年代初期被拓展到功能影像领域。功能连接一般被定义为在空间上分离的神经生理事件在时间上的相关性，包括狭义的功能连接和效应连接。前者度量的是脑区间是否存在连接关系以及连接关系的强弱，而后者度量的是脑区间的信息传递模式。研究者已提出多种方式来度量功能连接，如时域下的相关分析、偏相关分析、频域下的相干分析、偏相干分析等。此外，诸如主成分分析、独立成分分析和等级聚类等多元分析方法也可以用来间接度量功能连接。这些分析方法，已经被广泛应用于静息状态fMRI的数据分析中。近期，一些用于任务状态数据的效应连接的传统分析方法也被应用于静息状态下数据的分析，如动态因果模型等。

日本东京精神病学研究所、东京大学医学院神经精神系和德国维尔茨堡大学精神医学系在采用近红外光谱（NIRS）技术研究认知障碍方面占据国际领先地位。1994年，日本科学家首次将NIRS应用于检测精神分裂症患者的前额叶功能活动。此后，越来越多的研究者应用NIRS研究各种伴有认知功能损害的神经精神疾病，如抑郁症、精神分裂症、创伤后应激综合征、阿尔茨海默病等。先前的研究已重复发现，精神疾病患者在执行一些认知任务时额叶功能异常，重症抑郁患者在完成言语流畅性任务时前额叶激活较正常人弱。应用高时间分辨率的多通道功能近红外脑成像技术，研究者进一步发现，双相情感障碍和抑郁症患者有着明显不同的前额叶激活模式，精神分裂症患者在完成言语流畅性任务时额叶活动减弱。最近，静息状态下的前额叶功能活动也逐渐被关注。研究表明，精神分裂症患者在静息状态下总血红蛋白含量降低，提示精神分裂症患者额叶微循环的结构或功能发生了变化。

（二）脑结构影像学研究

1. 结构磁共振成像

20世纪中后期出现的MRI成像技术为医学影像诊断提供了新的手段和方法。1972年，保罗·劳特伯（Paul Lauterbur）根据氢原子核在静态磁场下产生的磁化向量会对固定频率的电磁波产生共振这一特性，利用磁场叠加的方式精确激发不同的组织，并对相应的核磁共振信号进行精确的定位，从而绘制出组织结构图像，也就是最早的MRI成像图。借助MRI成像技术，研究者可以采集到大量的活体人脑的高分辨率三维影像，为研究大脑的结构提供了可靠的数据来源。当前，高分辨率的结构磁共振成像（sMRI）因其安全、无创、全面、快速、准确、高灵敏度等特点，已经成为神经科学研究和医学诊断的主要工具，并催生了一门新兴交叉学科——计算神经解剖学。认知障碍的sMRI成像主要从以下几方面进行研究：基于体素的全脑形态学分析，皮层形态学分析，脑结构形态学分析，以及基于脑结构影像的解剖网络分析。这些MRI成像技术和数据处理技术的发展，极大地促进了研究者对正常脑功能的结构基础及认知功能障碍的病理机制的理解。

传统的sMRI成像的研究主要针对单个脑区的形态学变化。采用基于体素的全脑形态学分析方法，如体素形态学（VBM）、优化的VBM及基于变形场的形态测量（DBM）等方法，研究者可以检测大脑结构中灰质和白质密度、体积的变化。这些方法原理清楚，实现简单，计算鲁棒，因此被广泛地应用到各种神经精神疾病的脑结构病变的病理研究中。例如，研究已证实多种精神疾病（如精神分裂症）存在多个脑区弥散性、轻微的结构异常，为精神疾病是一种脑疾病提供了可靠的依据。此外，阿尔茨海默病患者内侧颞叶结构体积萎缩，也被多项研究重复验证，并已纳入欧盟国家阿尔茨海默病新诊断标准以及2012年即将发布的国际通用诊断标准DSM-V中。脑皮层形态学研究是从图像中重构出大脑皮层，在此基础上进行皮层形状、皮层厚度和复杂度等形态学分析。认知功能的实现离不开大脑皮层数以亿计的神经元，因此大脑皮层形态学的分析对认识脑的功能有着重要的作用。皮层厚度由神经元数量和体积等决定，皮层厚度的变化可以反映大脑结构的可塑性和在疾病中的异常变化。例如，最新研究发现，健康志愿者接受杂耍训练后，视觉运动皮层灰质体积出现暂时性的可塑性改变。在认知功能障碍方面，研究者发现精神分裂症和阿尔茨海默病患者都存在部分脑区灰质变薄的现象。采用不同的皮层复杂度指标，研究者发现，精神分裂症患者和抑郁症患者多个脑区的皮层复杂度降低，威廉姆斯综合征患者左右脑半球的皮层复杂度增高。大脑子结构的形状分析则针对性地研究特定脑区的体积、形状和解剖分区，迄今为止研究较多的脑结构包括胼胝体、丘脑、海马等结构。由于海马结构与情绪、记忆有很强的相关性，与各种神经精神疾病关系更为密切，所以得到了较为广泛的研究。但是，由于海马与其周围组织结构的边界十分模糊，灰度对比度不足，再加上部分容积效应的影响，因此海马成为大脑子结构分割中最困难的一个问题。目前主要采用手工或半手工标定的方法完成分割，工作量大，分割结果容易受到实验者个体差异的影响，从而限制了海马研究的展开。因此，发展自动或半自动的分割算法是该领域的重要方向。我国学者提出了一种海马半自动分割算法，有望应用于阿尔茨海默病研究。

2. 扩散磁共振成像

扩散磁共振成像（dMRI）是近年来MRI成像技术的一项重大突破，它利用不同组织中水分子在外加磁场下表现出不同的扩散行为而进行成像。与传统的MRI成像相比，dMRI可以测量组织内水分子的扩散信息，从而能够间接反映脑白质神经纤维、骨骼肌和心肌等各向异性介质的结构特性。特别是对于扩散各向异性明显的脑白质神经纤维，dMRI 能够有效地反映其纤维密度、空间排列一致性以及髓鞘化程度等信息，为脑白质的研究提供了全新的非侵入性的活体检测手段。对脑内的白质纤维束进行跟踪重建是 dMRI 最重要的一项相关技术。它突破了传统的尸体解剖学脑白质纤维束追踪方法，通过不同纤维跟踪算法显示纤维束的形状、空间位置和拓扑结构，使得在活体内观察神经纤维束成为可能。这种纤维还原技术还能提供不同灰质结构之间的解剖连接信息，从而为功能连接研究提供解剖依据。纤维跟踪算法可以分为两大类：确定性跟踪算法与概率性跟踪算法。确定性跟踪算法简单易行，在临床应用较广。但由于受到 dMRI 影像分辨率的局限，以及部分容积效应和纤维交叉情况的影响，确定性跟踪算法只能较好地适用于一些较为粗大的脑白质神经纤维（如胼胝体、扣带和皮质脊髓束等），对于较细小的纤维结构的跟踪则准确度较低。对于这些不足，国外研究人员提出了概率性跟踪算法，在一定程度上解决了纤维交叉等问题，对于较为细小的纤维结构，也能够提供纤维跟踪结果的可信度衡量。但目前仍然缺乏对概率性跟踪算法及其结果的客观评价体系，概率跟踪的结果也并不是真实神经纤维的精确再现，其计算的复杂度往往比确定性跟踪算法要高。作为目前唯一能够对活体人脑内的白质纤维结构进行非侵入性检测的技术，dMRI 技术为研究认知障碍相关的脑白质结构异常提供了全新的分析手段，成为目前国内外相关领域的热点。目前，dMRI 已经被广泛应用于阿尔茨海默病、精神分裂症、抑郁症、酒精成瘾和帕金森病等多种认知障碍脑疾病研究。此外，dMRI 技术以及相关的计算理论与分析方法也被应用于研究与正常脑发育及老化过程相关的白质结构变化。

六、计算神经科学

计算神经科学是国际上最近才迅猛发展起来的有关神经系统

功能研究的一个新的交叉学科。虽然人们对神经系统已经有了很多了解，但是神经系统的复杂性使得没有哪一种单独的方法可以用来研究神经系统功能组织和实现的所有方面。每一种方法不仅有其使用范围，也有它的局限性，只有把各种方法取得的结果综合起来，才能使我们对神经系统获得比较全面的、符合实际的认识。神经系统在结构上有着许多层次，每个层次都是由下一个层次的许多单元通过相互联系组成的，并且表现出下一个层次的单元本身所不具备的某些突现性质。可以把这些层次分成微观的层次、介观的层次和宏观的层次。这些不同层次涉及的研究方法包括膜片钳记录、微电极细胞内或细胞外记录（微观层次），场电位记录、光学成像（介观层次），脑功能成像、脑电图、脑磁图、行为和病理观察（宏观层次），以及包括建模和仿真在内的计算神经生物学方法。基于各种结构层次的建模和仿真是把不同层次的知识联系起来的有效方法。

在自然科学领域，任何一门学科的发展都遵循由定性到定量、由描述到实验、由实验到理论的发展道路。在具体进行研究时，理论上的考虑和假设的提出是极其重要的一环，然后设计和进行实验，获得数据和结果，再与原始假设进行比较，进行修改和调整。如果原始假设和考虑能用理论模型表达，就可以进行数值预测和推论，更接近理想状态。如果实验结果可以用一组数学模型来描述，就可以深入到事物的本质，理论上达到更高境界。因此，理论和实验是科学的两翼，不能偏废。如果能相互促进和提高，就能推动科学更快发展。计算神经科学正是在这样的规律之下逐渐发展成为神经科学的一个分支。

神经系统是生物亿万年生存竞争和进化的产物，它在信息处理的方式和原理方面，以及控制调节机体的活动方面，积累了许多优点和长处。人类进入信息时代还不到半个世纪，电子计算机虽然在运算速率方面可达万亿次，但在感知能力、学习能力、适应能力等方面，都远远落后于神经系统。所以，搞清楚神经系统的工作原理，把它应用于人工智能、机器人和计算机设计是大有前途的。视觉计算理论对工程技术的发展产生了极大的理论指导作用，而神经仿生和神经工程等应用科学对神经科学的理论模型研究提出迫切需求。另外，有关神经信息处理的研究，不仅对认识神经系统工作机制、发展人工智能至关重要，而且对临床康复亦具有非常重要的意义。许多视觉缺失和听觉缺失患者之所以看不见和听不见，并不是因为他们的大脑丧失了这些功能，而仅仅是因为他们的感受部分出了问题，不能把外界信息传递到大脑。如果通过特定的脑-机接口把外界刺激转换成适当的电刺激传递到大脑，那么残疾人还是有可能对外界刺激作出类似健康人的响应的，这就是所谓的感觉替代。问题的关键是要了解神经编码，即了解正常感官是如何编码感觉刺激并向大脑传输的。目前应用最广、技术相对比较成熟的是电子耳蜗，而视觉假体的研究也已经起步。感觉替代既可以像电子耳蜗一样是同一种模态的替代，也可以用不同模态进行替代，如用触觉替代视觉的触觉-视觉替代，还有听觉-视觉替代、触觉-平衡觉替代等。脑-机接口的临床应用除了感觉替代之外，还用于因中风或神经退行性病变造成的全身麻痹以及因意外事故造成的脊瘫，从这种患者的头皮脑电或者皮层埋藏电极中引出的多导神经脉冲序列或局域场电位，可以用来控制假肢或操作计算机等外部设备。研究者发现，初级运动皮层神经元对产生肢体运动方向只有很粗略的调谐，因此，为了精确预测肢体的运动方向，需要对大量神经元的活动求矢量和。这就意味着，为了得出控制人工装置的运动信号，需要同时记录许多神经元的活动，并设计出从这样的群体活动中抽提出运动控制信号的算法。由于皮层的可塑性，电极阵列位置不需要十分精确。随着超大规模集成电路的飞速发展，现在已经有望研制出能实时处理这些信号的芯片，并将其植入体内。最困难的问题是要实时地从这些信号中提取出运动信息。目前人们正尝试用判别分析、多元线性回归、人工神经网络等方法实现这一目标。由此可见，基于对大脑信息处理过程的研究，已经发展出像神经工程（包括脑-机接口、感觉代偿、运动控制、脑信号处理等）、神经计算机、智能化机器人的诊断和治疗等新的研究和应用领域。神经信息处理的研究正在多层次、多方位地全面向前拓展。计算神经科学近年来在国际上越来越受到重视，并得到了各国政府的大量资助，加速发展。

七、我国神经科学的发展现状

20世纪80年代以来，我国神经科学基础研究逐渐展开。国家对该领域的资金投入也逐年增加。科技部启动了“脑功能及其细胞和分子基础”、“脑发育和可塑性基础研究”、“特征捆绑和不变性知觉的脑认知功能成像”、“脑结构与功能的可塑性”、“神经变性病的机制和防治的基础研究”等一系列与脑有关的“973”计划项目。国家自然科学基金委员会也给予该领域大量资助。同时，中国科学院“知识创新工程”也进行了“脑-智科学交叉前沿研究”。作为一个重要的里程碑，《国家中长期科学和技术发展规划纲要（2006—2020年）》将脑与认知科学纳入国家重点支持的八大前沿科学领域，指明主要研究方向包括脑功能的细胞和分子机理，脑重大疾病的发生发展机理，脑发育、可塑性与人类智力的关系，学习记忆和思维等脑高级认知功能的过程及其神经基础，脑信息表达与脑式信息处理系统，人脑与计算机对话等。

近年来，我国先后建立并完善了若干个与脑认知有关的国家重点实验室，如复旦大学医学神经生物学国家重点实验室、中国科学院生物物理研究所脑与认知科学国家重点实验室、北京师范大学认知神经科学与学习国家重点实验室、中国科学院上海生命科学研究院神经科学研究所神经科学国家重点实验室等。我国经济的快速增长和国家对科技投入的不断增加极大地促进了我国脑认知研究领域的进步。改革开放30多年来，我国在感知觉、注意、记忆、抉择、顿悟、脑功能衰老、心理与精神健康等脑认知研究的各个方面取得了一些具有国际影响的成果，形成了神经生物学、心理学、物理学、计算科学、信息科学等多学科交叉的运行机制，正在形成一支具有脑科学、认知科学、神经科学、心理学、分子生物学、生物物理学、计算机科学、数理科学等多学科交叉背景的高水平研究和技术支撑队伍，包括一批年富力强的学术带头人和高素质的中青年学术骨干，具有参与国际竞争及承担国家级重大科研项目的雄厚实力，为实现我国脑认知学科的长期战略目标打下坚实的基础。在应用方面，国内一些从事认知神经科学的学者，应用脑电尤其是诱发脑电开展了较好的研究工作，涉及了大脑各种认知功能的神经机制。近年来，脑-机接口研究的重要性日益被国家科研主管部门与研究人员认可，越来越多的研究小组开始参与此领域的研究。此外，我国认知障碍的神经影像学研究领域发展速度也很快，并且时有研究成果在国际有影响力的学术期刊上发表。

自2000年以来，我国神经科学领域主要在神经发育研究，突触可塑性及神经元整合特性可塑性研究，学习与记忆、感知觉信息处理等脑功能研究，阿片类物质作用和依赖机制研究，疼痛机理研究等方面取得了进展；在脑疾病与脑保护研究方面，在脑缺血神经保护、神经退行性改变、癫痫机制等方面取得了有意义的进展；在《科学》、《自然》及其子刊、《细胞》及其子刊、《美国科学院院报》、《神经学杂志》等学术期刊上发表许多高水平论文，形成了一定的国际影响力。

我国学者还建立了阿尔茨海默病家系血样本库，报道了与阿尔茨海默病发病相关的2个基因突变和11个基因多态性位点；建立了人类神经tau蛋白错误折叠球形中间产物的分子模型，为研究蛋白质错误折叠如何导致神经元功能障碍并导致死亡的机制提供了一个突破口；发现了帕金森病（PD）致病基因的突变和分布特点，建立了中国人基因突变数据库。

与神经科学其他领域相比，我国人工智能研究起步较晚。虽然涌现了一些具有自主知识产权的人工智能创新学术成果，但总体上来讲，研究成果主要集中在人工智能技术的具体应用领域，人工智能理论与技术方法的研究主要还是跟踪国外的研究方向。

尽管取得了突出的研究成果，我国神经科学存在的首要问题依然是原始创新不足，主要表现在：学术思想创新性不足，跟踪性质的研究偏多；缺乏重大突破性的理论研究和技术成果，理论研究系统性不强；交叉学科人才队伍建设不足；数据共享性差，这一问题与学科、领域交叉机制不畅有关，提示了科研运行体制的问题，亟须在国家层面加以引导。交叉研究不足，是该领域存在的另一个主要问题，需要在未来10年中进一步凝练科技目标和研究方向，在提高整体研究水平的基础上，培育更高水平的人才和研究成果。

第四节　我国神经科学的发展布局

脑与认知科学不是单一的学科，而是多学科交叉领域。围绕脑-智关系科学几个重大问题联合科学领域，形成合力。如果神经科学家和相关领域的科学家能够围绕一些有限目标，凝练出重要的科学问题，对推进理解脑-智关系问题的作用将是巨大的。2005年7月，适逢创刊125周年的国际著名杂志《科学》提出了125个关于未来科学的“天问”，其中包括最重要的问题有：意识的生物学基础是什么？记忆是如何存入又是怎样被提取的？协同行为是怎样进化的？通常计算机的极限在哪里？其余的问题还有：语言学习为何有关键期？什么导致了精神分裂症？我们在多大程度上可以攻克阿尔茨海默病？成瘾的生物学基础是什么？将硬件植入人脑合乎伦理吗？机器学习的极限是什么？这些问题都是与脑和认知科学有关的重大科学问题。

美国2008年“From Molecules to Minds：Challenges for the 21st Century”科学论坛拟练出三个最为重大的挑战方向，对于我们思考和制订未来脑与认知科学规划有一定的参考意义，它们是：

1）脑是如何工作而产生精神活动的？脑内的物理活动如何产生思想、情感和行为？

2）生物学与经验如何互动来塑造脑，使得我们每个人都成为独立的“我自己”，即有感情、有灵性、有个性和社会性的生命个体？

3）怎样维护脑的健康？随着年龄的增长，如何保护脑、恢复或提高脑功能？

神经科学面临的第一个大问题是目前我们还没有关于脑如何工作的真正的理论假设。我们并不清楚信息在脑内是怎样被处理的、存储的、提取的，运动指令是如何产生并执行的，如何思考、产生情感和同情心。因此，必须整合分子细胞、突触、系统和心理等水平的研究，而目前无论知识还是技术均还未足够成熟到整合所有这些功能层次的程度。例如，新兴的神经连接组研究需要将神经解剖学、神经活动和功能结合起来。困难在于很难鉴定参与某种特定行为的神经元，独立地刺激单个神经元，并同时记录足够量的神经元而又有适度的时间和空间分辨率。另外，一个从成百万个神经元组成的核团中分离出来的孤立的细胞的行为，与整个神经核团的集体行为可能很少有关联，甚至没有关联。最近的研究表明，在突触上进行的神经化学通信不是唯一的神经通信方式，仅仅是许多种神经通信方式之一。神经元小，连接复杂，如同原始森林，试图标记出其路径，几乎是不可能的。但是，近年的技术进步正在克服这些尺度上的困难。一个显著的进展是“脑虹”技术的研发。高尔基银染技术已经使用一个多世纪了，它可染单个神经元的树突和轴突。如今，人们通过表达多种荧光蛋白的方法同时标记多种神经元。研究人员发现水母和珊瑚的荧光编码的基因可使不同的神经元表现出上百种不同的颜色，这就是基于三种编码——红色、蓝色和黄色基因的“脑虹”技术，它们之间的不同组合能表现所有不同的色调，如一个神经元可以有三个红色、两个蓝色和一个黄色基因。这样，科学家可以确定和标记出上百个神经元是怎样彼此相互作用和包容的。另一个姊妹进展是神经“光开关”。它挑战的问题是如何激活单个神经元。经典的方法是用电极刺激神经元，但是在体精确地激活单个神经元是极为困难的。神经“光开关”技术可以通过曝光，让一个神经元或一个突触连接处于激活或关断状态。这个发现来自绿藻的一种蛋白，它的一个优点是可以使一个细胞被蓝光激活，将该基因转入大鼠的神经元，人们就可以用“光开关”控制神经元的活性状态；其另一个优点是如果将这个蛋白连上一个基因，如果用绿光，也可以使细胞被激活。这样一来研究者可以在绿光下观察细胞，在蓝光下激活该细胞。如何以足够多的时间和足够高的空间分辨率来同时记录足够数量的神经元活动，仍然是最重要的挑战。

如今，电极阵列尺寸可以大幅压缩，可大幅度增加通过皮层直接观控神经元的数量。如果能将其直接植入脑内或神经系统，便能够在单个神经元水平上实现长时间记录。脑 fMRI 成像技术基于非介入的无创的测量脑内血流图和血氧合作用，这是因为它们与脑活动密切相关。脑 fMRI 成像技术将解剖学与功能建立联系，但并非完美。它的空间分辨仅为毫米级，并且不是实时的测量，在脑活动和血流图之间大约有秒级延迟。脑成像技术是对成千上万神经元活动平均取样，如果取样区域正好对准了独立的功能区的神经元群，那就是罕见的幸运了。实际上，脑成像技术涉及大面积的神经网络的计算，人们希望能捕捉到有用的信息而不是垃圾，但是每一幅脑成像照片结合了成千上万个独立的事件，成像过程又叠加了数千幅这样的脑成像的照片，所以脑成像照片的破译要非常谨慎，特别是在有关脑的工作原理问题上。我们面对的挑战是需要研究实时的、非常小的空间尺度上和毫秒的时间尺度上的脑活动。即使拥有了上述所有用于获取数据的重大进展，但对人脑连接作图仍是极端困难的，若没有 21 世纪的自动控制技术和功能强大的计算机，人类基因组作图就是不可能实现的，但对人脑作图的数据量可能比人类基因组数据量要高一个数量级，这正是计算机科学大有作为的地方。通过计算机算法可以研究全脑的神经表达，直接联系神经活动的生物学和抽象的精神活动状态。而且机器学习算法可以帮助我们绘出单个神经元在脑中的确切路径。蛋白质和其他化学成分的定位以及构造神经化学环路同样要求大量的计算，否则就不可能从巨大的数据中有效率地筛出人的智力和人智力的集合。

神经连接组学是将脑分解为可以搞清楚的连接片断。但是，作为复杂的非线性系统，脑功能在整体上显著地大于其各个部分之和。尽管至今神经科学的历史的很大一部分都是在探索单个神经元的活动，但是我们的全部经历都是基于许多许多神经元的集体活动，所以网络水平的观点对理解脑的功能是至关重要的。对简单环路的作图并不能完全估计脑的活动。脉冲序列是神经系统的工作语言，神经网络的集体行为趋于“掉”入不同的“状态”，即脉冲放电的总模式，这要比单个神经元放电模式更为可靠。脑理论真正的终极目标是理解我们脑内的神经元的物理过程如何转变为行为和对外部世界的感知。如今，我们仍处在很初级的阶段，甚至处在思考和如何提出问题的阶段。

第二个大问题是脑结构与功能的可塑性。生物学和环境经验之间的互动在塑造和培育我们的脑，使我们每个人成为“我自己”。互动是指在自然与教养之间的包括一个连续的反馈环来修饰我们脑的物理结构。“我自己”是怎样形成和发展的？同样有趣的科学问题是“自我”是怎样维系的，随着老龄化“自我”又是怎样失去的。我们不仅受到基因是否表达的制约，在不同基因之间表达水平也会影响到神经活动。我们将从基因与环境之间的相互作用来了解机制、环境如何直接影响我们的基因，赋予我们的脑适应不断变化的环境的能力。理解基因和经验之间的相互作用如何影响脑，对于我们思考神经疾病的防治是极为重要的。许多神经系统和精神健康的紊乱大多是基因疾病，而又受环境因素影响。

第三个大问题是如何维护脑和精神健康。脑的衰老过程是不可避免的，由精神和神经疾病带来的经济影响和社会问题是巨大的。对脑疾病的研究无法脱离对脑结构与功能的建立和修饰等基本知识的积累。随着现代基因组学、蛋白质组学等研究技术方法的广泛应用，我们能较容易地获得更多的与脑疾病相关的基因、蛋白质突变、多态性等知识。但是，在目前对正常脑的知识缺失的状态下，将难于对脑疾病机理及治疗有突破性进展。因此，对正常脑的研究与脑疾病研究应当形成相互推动的状态，而解决脑疾病的诊治等临床问题，更有赖于多学科交叉研究和开发。

（一）神经环路的形成及功能调控

神经环路是信息传递从细胞到系统的桥梁。神经环路的形成、修饰和维持是非常重要的科学问题。在这个过程中，神经元的轴突有时需要穿越很长的距离才能到达靶组织，随后要与特定的靶细胞联系，有些联系需要维持终生，而有些联系则需要不断被经验修饰。在经过一个世纪的对细胞和突触的研究后，神经环路已经成为一个需要深入探索的问题。

经过几十年有关神经解剖学和组织学、神经生理学、神经化学、分子和细胞生物学研究的积累，以及现代影像学技术的不断进步，我们已经具备了在更高层面上研究神经环路的形成及功能调控机制的知识基础和基本技术条件。未来在这一研究方面的总体布局应包括以下几个方面。

（1）神经环路发育和功能特化的调控机制

神经环路的发育过程包括神经元的形态发生、极性建立、神经元迁移、神经递质表型的决定等主要阶段。在发育过程中神经元通过有序迁移和建立正确的神经连接，以及合成相应的神经递质，形成具备特定功能的神经环路。包括神经环路在内的脑结构发育异常，可以导致先天性智障、癫痫、自闭症等疾病。成年神经系统损伤再生以及干细胞移植治疗过程，也涉及新生神经元迁移到达病灶部位发挥功能。因此，研究神经环路的发育和功能特化机制，不仅是理解神经系统功能结构发育的基础，而且为神经损伤的治疗提供理论支持。

（2）神经环路可塑性及其生理和病理功能

在脑发育过程中，神经元之间形成的突触联系以活动依赖的形式不断被精确调节。脑成熟后，突触仍具有一定程度的可塑性，成为学习、记忆及其他认知功能可塑性的基础。神经可塑性产生的基础涉及基因表达改变、重要功能蛋白（神经递质受体、离子通道、信号传导分子等）细胞及亚细胞定位改变和功能修饰等。神经元活动依赖性的功能调节，使神经环路结构和功能发生可塑性变化，实现对各种诸如感觉信息加工、学习记忆、行为等的重要神经功能的精细调控。在各种神经生理或病理情况下，胶质细胞和免疫细胞也对突触传递、突触可塑性等有重要调节作用。

（3）建立实时、高时空分辨率成像技术

通过多学科交叉研究和技术研发，发展实时、高时空分辨率成像技术，以及无损伤在体检测、操纵神经元和神经环路技术、脑-机接口技术等，为理解神经环路信息加工过程开辟新的途径。

我国神经科学界在神经元和神经环路发育方面已经聚积了一定规模的人才队伍，从事相关高水平基础研究的中青年人才较多，但缺乏相关学科交叉型研究人才。2000年以来，在神经元极性建立机制、轴突生长导向信号、皮层发育、突触可塑性及神经元整合特性可塑性与学习记忆、视觉信息传导环路等研究中取得了有意义的进展。在《科学》、《自然》及其子刊、《细胞》及其子刊等学术期刊发表许多高水平论文，形成了一定的国际影响力。在此基础上加强对新理论、新发现和新技术的支持，加强对学科交叉研究的团队和项目的支持，将有利于在这个神经科学重要研究方向上取得突破性进展。

（二）感知觉

感知觉是脑认知加工过程的输入和基础，也是脑与认知科学研究领域中历史最悠久和发展最成熟的分支。多年来，利用心理物理学、电生理、脑成像和计算模型等研究手段，在行为水平上、单个神经元水平上、神经元集群水平上和理论上对感知觉信息处理的研究一直是神经科学研究领域的前沿，新成果和新技术层出不穷。对感知觉信息处理的研究充分体现了生命科学和信息科学的结合、定性研究和定量手段的结合，对基础科学的新思路和新理论的提出、新技术的研发，均有极大的推动和促进作用。

虽然近年来国内科学家在感知觉研究领域作出了一些出色的

成果，但是和国际水平相比，无论在研究队伍的体量上还是在研究成果的质量和数量上，均存在较大差距。根据感知觉研究的发展规律和研究特点及国内外感知觉的研究现状，未来感知觉研究的总体布局应包括以下几个方面。

1. 多种实验手段和技术结合，特别是神经成像技术和电生理技术结合

利用单一实验手段研究感知觉，国内优秀科学家不乏其人，有所欠缺的是多手段的结合。结合多种实验技术，不仅能够对感知过程的神经机制给出更加确定的答案，而且对于了解这些实验手段的自身特性也有极大的帮助。值得指出的是，多种技术的结合需要一个强大的技术支持平台，从而需要来自国家层面的人员和财力支持。

2. 实验研究和理论模型的结合

实验数据的积累和理论模型的构建在科学发展过程中始终是相辅相成、互相促进的。没有理论的指引，实验研究只能是“跟风”研究。我国的感知觉研究取得了一定的成就，但还没有较多有强大国际影响力的理论模型和相应的系统的实验研究。这是制约我国感知觉研究形成国际显示度的瓶颈。

3. 交叉学科的发展布局

感知觉研究涉及多个学科，包括神经科学、心理学、信息科学、医学等。如何从交叉学科的角度研究感知觉？如何利用某一学科的成果推动其他学科的发展？例如，智能模式识别系统如何汲取心理学和神经科学对感知觉的研究成果？心理学和神经科学的科学发现怎样帮助康复医学治疗感知系统疾病？感知觉的交叉学科研究如何服务于国家重大需求？这些都是感知觉研究面临的重大问题，也是该学科发展的重要方向。

我国视听觉研究有着优良的传统和历史，具有相当的研究基础和一定的国际影响力。国内研究所已经建立了具有国际水平的

灵长类猕猴饲养和实验中心，并且引进了一批在国外作出出色成绩的青年人才。国内20多年来一直在探索知觉过程从哪里开始、知觉信息的基本表达等视觉科学中的重大问题，在《科学》和《美国科学院院报》上相继发表的文章，证实了左半球颞叶在大范围拓扑视觉中的关键作用，向近代占统治地位的“由局部性质到大范围性质”的理论提出挑战，全面系统地发展了由“由大范围性质到局部性质”的拓扑性质知觉理论。另外一些课题组利用猴电生理手段或利用人类被试的fMRI技术，在形状知觉和场景分割等方面作出了重要贡献。还有课题组在知觉学习的时间模式和迁移特性两个方面有突破性的发现。虽然我国的视觉科学研究有着优秀的传统，作出了一批具有国际水平的成果，但从人才、科研资助和学科交叉多个方面来衡量，都处于较为初级的阶段，尤其是实质性的学科交叉有待加强。例如，视觉研究虽然从学科划分角度来说，归属于脑与认知科学或神经科学，但驱动该学科发展的一个主要领域则是信息科学和智能科学，而且有所应用、服务于国家建设的领域也是信息科学和智能科学。目前，国内的智能信息科学和脑与认知科学之间尚未实现充分交流、密切合作。

（三）脑疾病机理

神经系统疾病基础研究的主要任务应该是结合不同疾病研究的最新进展和动向，提出关键科学问题，在充分发挥学科交叉优势的前提下，从分子、细胞、环路和整体等不同层面阐明疾病的发生、发展规律和机制，发现和验证分子标志物、激动因子、抑制因子，从而为神经疾病的早期诊断、药物研发和有效防治奠定坚实的基础。此外，根据目前的技术发展，将生物信息学、影像学等先进技术与细胞、分子生物学和电生理等技术结合，充分利用和加强建设神经疾病研究平台，将推动神经疾病基础理论研究的进展；同时，使神经科学对基础科学发展起到带动作用，提升我国基础科学的国际地位。

1. 阿尔茨海默病

由于阿尔茨海默病是一种多因异质性疾病，发病机制异常复杂，所以至今在早期诊断和防治方面没能取得大的突破。虽然美国食品和药物管理局（FDA）已批准用胆碱酯酶抑制剂治疗阿尔茨海默病，但这类药物虽然可在一定程度上缓解运动相关性障碍，但对患者的学习记忆功能改善效果不佳。在2008年美国费城和2009年奥地利维也纳召开的阿尔茨海默病及相关疾病国际会议上，与会专家一致呼吁："要重新回到原点，加强基础理论研究，因为只有在充分了解疾病的发病机制、找到真正的靶点后，才能开发出有效的防治药物。"因此，神经疾病基础理论研究的重要性不言而喻。

主要研究方向包括：

1）阿尔茨海默病发生的遗传易感性研究；

2）神经系统疾病中细胞选择性死亡的发生机制及神经元退行性变的本质；

3）蛋白异常修饰与聚积在神经退变发病过程中的作用与上游机制；

4）脑氧代谢、氧信号传递与脑疾病的关系。

2. 帕金森病

帕金森病发病过程中，黑质的多巴胺能神经元进行性死亡是其主要的病理改变，因此国际国内大量研究关注多巴胺能神经元死亡的机制，包括氧化应激、免疫炎症、线粒体损伤及蛋白质异常折叠等因素。同时，近年来的研究重点不仅仅围绕神经元展开，而且对胶质细胞的参与也非常重视。另外，从帕金森病发病角度出发，遗传因素和环境毒素的相互影响、共同作用也引起了人们的关注。

主要研究方向包括：

1）免疫炎症与线粒体功能在神经系统发病过程中的机制；

2）帕金森病发病过程中遗传因素与环境因素的交互作用；

3）探索离子稳态在帕金森病发生发展过程中的机制；

4）蛋白降解系统在帕金森病发生发展过程中的机制；

5）细胞凋亡和帕金森病；

6）帕金森病动物模型的建立。

3. 脑卒中

脑卒中尤其是缺血性脑卒中最核心的问题是神经元损伤引起的神经系统功能障碍，因此，保护未受损的神经元或恢复受损神经元的正常功能是基础研究和临床研究的共同目标。但神经元的生存环境复杂，引起神经元功能受损的因素也绝不仅仅是上述的一种或几种机制，寻找诱发神经元损伤的综合因素从而为治疗脑卒中提供联合靶点已经成为脑卒中基础研究领域的重中之重。未来10年脑卒中的研究方向将是全面的、整合的，不仅包括神经系统内部各细胞、各分子间的相互作用，不同系统间（如免疫系统与神经系统）的相互作用，还应该包括医学与生物信息学等相关学科的整合。

主要研究方向包括：

1）星形胶质细胞在脑卒中神经元损伤中的作用及机制；

2）炎症在脑卒中发病中的作用；

3）通过增强抑制性神经元功能来保护缺血性脑卒中神经元损伤的分子机理；

4）淀粉样血管病的分子机制；

5）离子通道在神经元损伤中的作用；

6）自发性疾病模型动物的建立。

基因敲除或基因转移模型动物用于研究某一特定基因的功能及其在疾病发生中的作用。而自发性疾病模型动物则适合于研究复杂疾病的病因和发病机制。这些复杂疾病往往是多基因遗传的。在心血管疾病方面，如高血压，现在有自发性高血压大鼠（SHR）等至少7种大鼠。在代谢性疾病方面，如糖尿病，自发性大鼠或小鼠等糖尿病模型动物大约有10种。而在神经系统疾病的研究中，由于其发病晚、监测难，至今尚缺乏该类模型动物。唯有脑卒中模型动物来源于SHR。这些大鼠活到一定的年龄（平均1年左右）就发生脑卒中（包括脑梗死和脑出血）。由于脑出血和脑梗死的病因与病理过程差异很大，把这些动物进一步培育成纯的脑梗死和纯的脑出血大鼠将具有重要的科学意义。此外，如果能在阿尔茨海默病和帕金森病的自发性疾病模型动物培育中做一些初步的、探索性的工作也是很有意义的。

4．癫痫

癫痫是一种由大脑神经元异常放电所引起的以短暂脑功能失常为特征的慢性脑部疾病，是影响人类健康的严重问题。这种神经元异常放电与免疫炎症、胶质细胞、神经递质失衡及离子通道等因素有着异常密切的关系。目前普遍认为，将来癫痫的研究趋势包括两方面：一是强调协作，在癫痫发生机制、癫痫动物模型的发展策略和鉴定、抗癫痫药的开发和验证以及癫痫基因的克隆和功能鉴定等研究方面，多中心协作都非常重要；二是强调转化医学，将基础研究知识迅速向临床应用研究转化，促进疾病诊断、治疗、预防水平的提高。

主要研究方向包括：

1）免疫系统在癫痫发生中的作用；

2）星形胶质细胞在癫痫发病中的作用及影响；

3）离子通道基因异常与癫痫发病的关系；

4）神经递质在癫痫发生过程中的作用。

（四）神经影像学

神经影像学尽管已有近百年的发展历史，但它仍在不断地焕发青春，层出不穷的成像新模式和越来越广阔的应用范围在不断地丰富它的内涵，未来5～10年将会继续保持这样的发展态势。根据神经影像学的发展规律和研究特点及国内外认知功能障碍的研究现状，未来脑成像与认知功能障碍领域的总体布局应包括以下几个方面：

1）发展具有独立知识产权的神经影像学的计算理论和方法；

2）改进传统神经成像模式及发展神经成像新模式；

3）推动不同模态神经成像模式的融合；

4）利用神经影像学技术探索认知功能障碍的发病机制；

5）基于神经影像学技术发展认知神经功能障碍的早期诊断方法、预后判断方法、疗效评价方法及病情监测方法。

（五）计算神经科学

对所研究的生物学问题而言，目前国内计算神经科学研究领域覆盖了感觉系统神经生物学（视觉、听觉、嗅觉、痛觉）、运动控制系统神经生物学、高级脑功能（学习与记忆、多模态感知融合）等。研究工作主要在于应用数学工具、物理学和控制理论的思想，对实验数据进行深层次的分析，加深对实验结果的理解。从所研究的标本层次来看，目前国内的计算神经科学研究包括：突触功能调节对神经元活动特性的调控、单神经元功能建模、神经元群体功能建模、单个神经元活动对信息的编码、群体神经元活动对信息的编码、神经元网络活动特性的研究等。这些工作的意义不仅在于对神经系统活动的生物学过程和生物学意义的理解，同时为人工智能的发展和临床康复应用提供重要的基础。

目前，神经科学的发展布局包括神经生物学、生物物理、生物数学、生物控制论、计算机科学、非线性科学、生物医学工程等，以及在此基础上形成的新兴交叉学科（计算神经科学、神经动力学、神经工程等）。神经科学未来发展的布局，既要保持一定的覆盖面，以推动与多个学科（如数理、工程、计算机等）之间的交叉合作，对神经系统各个层次均能进行定量模型化和理论数学化的研究；又要选择在国内已具有较好基础、良好发展前景和重大科学意义的领域作为优先支持的对象，以争取在“十二五”规划期间达到国际水平。这些研究领域包括神经信息的编码与整合机制，以及大尺度神经元网络的动力学性质及其信息加工。

第五节　我国神经科学的优先发展领域与重大交叉研究领域

一、神经环路的形成及功能调控

神经系统是动物体内最复杂的系统，它通过由多种多样的神经元和胶质细胞组成的神经网络来整合与传递信息。具有相近形态的神经元，因表达不同的功能性分子（如离子通道等），可行使完全不同的功能。神经元之间使用神经递质建立起广泛的神经联系。分子生物学的介入，使脑科学发展到了分子神经科学的阶段，对各种重要神经功能的细胞分子机制的了解有了重要进展。脑结构和功能的可塑性的基本原理是神经生物学的基本问题，也是脑与认知科学的最重要的研究领域之一。

（一）神经干细胞的产生和分化

神经干细胞（neural stem cell，NSC）是一类具有分裂潜能和自我更新能力的干细胞，它可以通过不对等的分裂方式产生神经组织的各类细胞。神经干细胞经历增殖、迁移后到达特定的脑区，经历复杂的形态发育并整合到神经环路。长期以来，学术界一直认为成年脑内不能产生新的神经元，即出生后神经元数量不再增加。但新的研究表明，成年脑内的特定区域存在活跃的神经干细胞，它们能增殖、分化并整合到已存在的神经环路中。探索神经干细胞增殖、分化的分子机制，已成为理解脑发育和成熟、理解脑高级认知功能及神经系统疾病治疗的关键部分。近年来，诱导性多能干细胞（iPS 细胞）的发现是干细胞领域的突破性进展，如何在体诱导 iPS 细胞的产生和分化对神经系统疾病的治疗将有重要意义。

（二）神经元的形态发生、神经元的极性建立、神经递质表型的决定、神经元迁移

神经元是构成神经网络的结构单元，其种类繁多，但共同的特点是有多个树突和单个轴突。神经元的树突接受其他神经元的突触传入信息，经过整合，在轴突起始处产生动作电位并传导至神经元的各个部位，完成信息的传出。轴突和树突不仅在形态上有明显的区别，而且在蛋白组成上也存在显著的差异。这种差异是轴突和树突不同功能的分子基础，称为神经元的极性。神经元的极性建立分子机制是神经科学的重要问题，近年的研究取得重要进展并成为研究热点之一。

神经元通过释放神经递质完成神经元间的神经信号的传递和加工。根据其表达和释放的神经递质类型的不同，神经元分为不同的神经递质表型。产生和释放不同类型的神经递质在一定程度上决定了神经系统结构和功能的多样性和复杂性。神经递质表型是神经元发育过程中面临的重要选择之一，它对于神经元建立正确的神经环路、最终发挥正常的生理功能具有重要意义。依照对神经信息传递的不同影响，脊椎动物神经系统中的神经元可大致分为兴奋性神经元与抑制性神经元，谷氨酸与GABA是中枢神经系统中主要的兴奋性与抑制性神经递质。兴奋性与抑制性的平衡的紊乱会导致许多神经及精神疾病，如癫痫、精神分裂症及病理性痛等。神经元的神经递质表型是在发育过程中获得的，因此，详细研究发育神经元如何获得神经递质表型在发育神经生物学方面具有重要的理论价值，同时还将为指导多能干细胞或多能神经干细胞分化为特定类型的神经元奠定基础。

神经元在发育过程中通过有序迁移形成非常规则的细胞排列，为后续的神经轴突和树突生长并建立正确的神经连接奠定基础，神经元迁移机制的研究是发育神经生物学研究中最活跃的领域之一。同时，人类一些与神经元迁移相关的基因突变会引起神

经元迁移紊乱和脑结构发育异常，导致先天性智障、癫痫、自闭症等神经系统疾病。成年神经系统损伤再生以及干细胞移植治疗过程中，也涉及新生神经元迁移到达病灶部位发挥功能。因此，阐明神经元迁移的机制不仅是理解神经系统功能结构发育的基础，而且为神经损伤的治疗提供前瞻性的理论支持。

神经环路的形成有赖于发育过程中神经元轴、树突顶端的生长锥定向延伸并寻找到各自的靶细胞。神经生长导向的异常将导致神经环路发育的缺陷和机体感觉、运动和认知功能的障碍。成年神经轴突损伤再生过程中会发生类似的轴突生长寻路的过程。理解发育过程中神经轴突生长导向的机制也将促进神经损伤再生机制的研究，为临床上常见的脑和脊髓损伤的治疗提供新的思路。

（三）突触功能及神经可塑性

神经系统中的大量神经元相互连接，形成复杂的神经环路，发挥信息处理和计算功能。神经元之间的突触传递是神经系统中信息传导的基本方式，突触结构和功能的研究是理解神经信息传递、加工、整合和编码的重要基础。近年来，有关突触结构和功能的分子机制研究取得重要进展，但一些重要的基本问题仍待解决。神经系统功能的实现依赖于复杂有序的网络系统，外界信息触发的神经元的持续电活动能特异地引起神经环路在结构和功能上的变化，称为可塑性。神经系统的可塑性是大脑根据环境变化而修饰自身神经环路的活性，从而适应环境变化的重要基础。突触发育过程中突触联系的形成是以活动依赖的形式不断被精化的，包括突触联系的形成、成熟和消失，以及突触结构和功能效率的改变。脑成熟后，中枢突触仍具有一定的可塑性，构成高级脑功能（如学习、记忆）及其他认知功能的可塑性的基础。

神经可塑性产生的基础之一是神经元重要功能蛋白（神经递质受体、离子通道、信号传导分子等）精确地分布在神经元的特定部位，如选择性地分布在轴突或树突，甚至只特异性地分布在突触前膜或后膜，从而发挥特定的生理功能。同时，受体之间、受体与下游信号分子之间、受体与离子通道之间可以在神经元局部发生相互作用，形成功能分子复合体，对受体和离子通道的功能进行调节。神经元活动可以引起这些分子功能复合体的组成和修饰发生改变，从而产生活动依赖性的功能调节，使神经元乃至神经环路结构和功能发生可塑性变化，以适应环境的变化，实现对各种诸如感觉信息加工、学习记忆、行为运动等重要神经功能的精细调控。

（四）胶质细胞在神经功能活动中的作用

越来越多的证据表明，胶质细胞尤其是星形胶质细胞对各种神经元功能（如突触传递、突触可塑性、突触形成、神经元分化成熟等）有重要的调节作用。但这些研究多是在细胞和突触水平上进行的，且大多是离体实验的结果。胶质细胞在脑内对诸如学习、记忆、感知、睡眠、精神活动、行为等各种重要神经功能有什么作用还没有定论。人们很早就注意到，在各种脑损伤和退行性脑疾病状况下，胶质细胞的形态、功能及各种分子在胶质细胞的表达水平都会发生显著变化。但有关胶质细胞在各种神经生理或病理情况下的确切作用和具体环节仍然是假说多于证据。阻碍在整体水平上研究胶质细胞功能和病理作用的主要原因是，大多数在胶质细胞表达中起重要作用的分子，在神经元中也表达，利用普通的药理学手段及其他干扰和刺激胶质细胞的方法都不可避免地影响到神经元的功能，从而很难确定这些干扰因素是作用于胶质细胞还是影响了神经元。近年来，分子生物学技术的发展及转基因动物的应用使得特异性地干扰胶质细胞活动成为可能，为探索胶质细胞参与高级神经功能活动的研究提供了新的机遇。

重要支持方向：

1）神经元命运决定机制，神经干细胞的产生和分化机制；

2）神经活动决定的转录调控机制；

3）树突和轴突发育和调控的分子机制，新的轴突导向分子的发现；

4）新生神经元的极性建立、迁移及轴突导向，形成选择性神经联系的机制；

5）突触形成及结构与功能的可塑性；

6）表观遗传调控在神经发育和可塑性中的作用；

7）突触形成和可塑性过程中受体和信号蛋白的转运机制；

8）神经递质分泌的调控机制；

9）神经信号整合的分子和亚细胞机制；

10）离子通道功能及其调节机制等；

11）神经元和胶质细胞的相互作用；

12）信息在特定神经环路中的处理机制；

13）在体、系统地标记特定类型神经元及神经环路的方法；

14）用于实时在体观测神经活动的新的技术和方法及动物模型。

二、感知觉信息处理与整合

（一）感知觉信息的基本表达

感知觉研究的一个最基本的问题是什么是感知觉信息的基本表达，或者是感知觉过程是从哪里开始的。然而，尽管感知觉研究已经有上百年的历史，但这样一个看起来最简单的问题，仍然是当今知觉研究最富争议、最困难也最是要害的问题之一。这个根本问题把知觉研究的各种理论划分成两种基本研究路线："初期特征分析"的思路和"初期整体知觉"的思路。"初期特征分析"的思路认为，知觉的过程是由局部性质到大范围性质的过程，被知觉物体的简单组成部分及其局部性质是知觉信息的基本表征。与此相反，"初期整体知觉"的思路却认为，知觉的过程是由大范围性质到局部性质的过程，知觉系统首先取得的是物体的整体性的知觉，然后才分析物体的局部性质或组成部分。近半个世纪以来，初期特征分析的路线成为知觉研究占统治地位的指导思想。“从局部性质到大范围性质”还是“从大范围性质到局部性质”的争论涉及包括注意、记忆乃至推理和意识在内的各个认知层次，涉及在各个认知层次上知识是如何表达的这一认知科学的基本问题。

（二）特征绑定问题

特征绑定问题是目前知觉和注意研究的一个中心问题。按照初期特征分析的思路，无论一个物体被分解成什么样的特征和组成部分，仅仅靠这样或那样的分解不可能完全回答物体是如何被识别的。我们并不是知觉到孤立的各种特征性质，知觉到的最终是整个物体，因此在视觉过程的某一阶段必定存在某种过程，把这些分离开来的特征结合起来形成对整个物体的知觉。这方面的问题被称为特征绑定问题。特征绑定的问题也是当前计算机视觉研究的一个中心问题。并行分布、大规模并行是目前人工智能解决困难的一种主要途径。然而，任何一个并行系统，如果有多个特征的分布的表达，那么就必然存在哪些分布的表达属于同一个整体的问题。特征绑定问题是任何一种并行系统不能回避的固有的问题。根源于知觉信息基本表达问题的特征绑定问题，看起来也好像是很自然的并不困难的问题，却成为目前无论是人类视觉还是计算机视觉研究的一个典型的、根本性的难题，是涉及注意乃至意识根本机制的重要问题。人类的知觉系统或者计算机系统如何实现特征绑定而形成整个物体的知觉？迄今为止，各种可能的尝试，包括基于空间、基于时间和基于各种特征性质的特征绑定的机制都失败了。人们开始认识到，不应当仅从技术上去找原因，而应当针对产生特征绑定问题的根本原因，即由局部性质到大范围性质的基本思路，从由大范围性质到局部性质的基本思路出发，分析涉及特征绑定问题的知觉组织层次。

（三）注意的基本表达

目前注意的理论可以划分成三大类，即基于空间、基于特征性质和基于时间的理论。占主导地位的是基于空间的理论。注意的特征整合理论认为，视知觉过程分为两个阶段：在注意的前阶段，视觉系统从整个视野中平行地、自动地抽提分离物体的特征；在注意的阶段，注意依次地、串行地汇聚到视野中的各个空间位置，把属于该空间位置的特征结合起来，形成整体的知觉。此外，基于物体的理论认为：注意的基本表达是由注意前的组织形成的物体；注意集中在单个的知觉物体、或者几个离散的知觉物体；在一个知觉物体被注意时，这个物体的所有性质和组成部分的知觉都被易化。因此，形成物体的初期大范围知觉组织对描述注意的机制具有基本重要性。基于物体的理论本质上来源于由大范围性质到局部性质的思路，对当今注意研究具有较大的意义。

（四）不变性的直接知觉

面对认知科学向何处去的尖锐问题，针对认知即计算的计算理论所面临的深刻困难，国际认知科学界的最新发展提出了一系列崭新的概念，如“分布式认知”和“情景认知”等。这些新概念的提出形成了认知科学的新趋势和理论基础——基于环境的认知研究方向。然而，其理论根源却是Gibson在20世纪50年代提出的生态心理学。该理论反对把“外在-物理”过程与“内在-心理”过程分离开来的计算表达理论，它强调人类认知与环境关系的根本重要性，强调知觉和行动对环境中可得到信息的交互作用过程，其核心思想可以概括成一句话——不变性的直接知觉。目前不变性的直接知觉的研究成为智力和大脑关系的研究的一个重要方面，对人类关于智力本质的认识、对人脑信息处理的新概念和新原则的探索，具有重大的理论意义和应用价值。无论是在包括知觉、注意、记忆乃至意识各个认知层次在内的实验基础理论研究方面，还是在包括计算机视觉等在内的应用基础研究方面，不变性的直接知觉都是当前认知科学的一个重大的前沿交叉问题。不变性的直接知觉的研究预示着继“认知即计算”的智力本质的认识之后，将产生对智力本质的新认识，它必将带来理论和应用的新突破。

（五）自然场景中的物体识别

视觉研究中的核心问题是物体识别。它的认知神经机制不仅是脑认知功能的重要问题，对计算机视觉也有重要的理论指导意义。物体识别研究的关键在于研究物体在视觉系统中是如何表征和编码的。10多年来，利用脑成像、心理物理学和电生理研究物体表征一直处在神经科学研究领域的前沿。大多数研究受到功能定位思想的影响，多采用单个静止物体作为实验刺激，力图寻找这些物体刺激的皮层定位和神经表征。虽然这些研究是有益的第一步，但一个明显的不足之处是将问题过于简单化了。我们每天面对的是动态复杂的自然场景，视觉系统需要在这些场景中快速检测识别出与我们的行动和目的指向相关的物体。同样，目前的智能系统也面临同样问题，识别单个静止物体并不困难，难点在于如何在动态复杂场景中完成物体识别。

与以往物体识别研究相比，自然场景中的物体识别有几个特点：场景中通常有多个物体出现；物体信息不完整；物体本身的运动导致视网膜信息的持续变化。因此，自然场景中的物体识别研究的关键是探讨以上特点如何影响物体表征。多个物体的出现，从单个神经元水平上看，导致神经元的反应特性发生变化；从皮层区水平上看，不同皮层区（特别是物体表征区）会出现相互间的促进或抑制。我们需要研究这种神经元反应特性变化和物体表征区间的交互作用是如何随着伴随物体和待识别物体间的相似度变化而变化的。在物体信息不完整的情况下，高级视皮层可能依赖于皮层反馈通路，从低级视皮层重新获取信息，甚至依赖于低级视皮层，进行场景分割和知觉整合。对运动物体的知觉则依赖于物体表征区和运动加工区的交互，这两类加工区分别位于视觉系统的背侧通路和腹侧通路，这两条通路的交互作用和信息传递在以往的研究中较少受到关注。实现自然场景中的物体识别，需要通过多个皮层区的交互作用来实现，物体识别研究的重点是在单个神经元水平上和神经元集群水平上，研究物体表征区之间、物体表征区和低级皮层区之间，以及物体表征区和运动加工区之间的交互作用。

（六）面孔识别

面孔识别虽然属于物体识别的一种，但有一定的特异性。以往的研究证实，在行为水平上，面孔识别更依赖于整体结构。从信息加工的角度来看，无论是面孔识别还是一般物体识别，都存在检测、测度和识别三个阶段。面孔识别的特异性究竟在何处？首要问题是，面孔表征的模块性和分布性是如何共存的？人类的高级视皮层至少存在三个面孔特异区，而猴高级视皮层则有6个类似的特异区。同时有证据显示，高级视皮层的非面孔特异区同样也蕴藏着面孔信息。因此，比较能被广泛接受的观点是面孔表征的模块性和分布性是共存的。已有证据表明，人类的面孔识别能力从出生开始不断提高，直到成年时才发育完善。而相应的面孔神经表征则是不断地扩大，挤占其他高级视皮层区，同样是到成年时才完成这个“入侵”过程。研究面孔识别与表征的发育过程提供了一个绝好的机会去理解一个系统是如何从不擅长面孔识别变成面孔识别“专家”的，可以让我们对面孔识别的神经机制有本质的认识。这类研究，尤其是脑成像和电生理的研究比较少，为我们赶超国际水平提供了一个契机。通过这个面孔发育研究，我们可以了解面孔身份的不变性表征、表情识别、社会地位识别等是如何在神经水平上形成和发展的。

（七）物体表征和识别的可塑性

对物体表征和识别的可塑性研究，有可能使我们从根本上了解物体识别是如何在视觉系统内完成的。例如，知觉学习可以让我们对某种物体从丝毫不熟悉变得非常擅长识别，行为上的变化一定是由神经活动的变化所导致的，我们通过测量学习前和学习后的神经活动模式，并进行比较，就可以得知什么样的神经活动变化支撑这种物体识别，这是长时程视觉经验对物体表征的改变。而短时程视觉经验对物体表征的瞬时改变也同样重要，可能反映了视觉系统在动态场景中完成物体识别的策略。可塑性研究的意义在于，虽然我们目前尚不能构造一个完美的物体识别系统，但我们可以利用现有的系统，改变这个系统的物体识别能力，通过研究这种改变进而透视物体识别的机制。物体表征的可塑性研究正受到广泛关注，但严格系统的研究并不多见。

在近来的物体识别与表征的可塑性研究中，文字识别训练造成的高级视皮层可塑性成为一个热点问题。近期研究基本确认，左侧枕颞沟皮层存在一个文字特异性加工区。它在早期视觉特征识别后、字/词的语音和语义通达前负责视觉字/词形或正字法水平的加工，因此被命名为视觉词形加工区，它是在后天视觉经验中形成的。fMRI 研究发现，该脑区的激活水平与阅读技能相关。对存在阅读障碍儿童的跟踪与干预研究发现，在大量干预后，该脑区活动增强；在学习汉字后，该区域都对汉字出现了较强的激活。这表明成人脑具有高度适应性，其某些区域能够通过训练而获得新的功能选择性。

（八）痛觉

大脑对伤害性刺激信息的基本表达仍然不清楚。伤害性信息传递相关的外周受体和离子通道的调节在疼痛发生和发展中具有重要的作用，其机理仍将继续是疼痛研究的热点问题，尤其是慢性病理痛。疼痛信息处理的中枢机制，以及慢性痛的中枢起始与维持机制，在慢性痛的发生和发展中起到重要的作用，例如，脊髓背角神经元出现高兴奋性，突触传递效能增强，脊髓背角的神经元兴奋性增强等。但是，脊髓局部的神经环路及其细胞组成，以及这些细胞组成之间的信息传递仍然不清楚，深入的分子和细胞层面的研究，将有助于人们发现新的感受器、受体及其调控机制，有利于阐明外周和脊髓内痛觉传递，调节相关的离子通道与受体。脊髓以上的高级中枢，包括脑干、皮层下核团和皮层脑区，成为疼痛尤其是慢性痛研究的前沿问题。人们发现，疼痛时脑内多个脑区被激活，但这些激活的脑区如何参与慢性痛，值得进一步深入研究。应加强对痛觉神经网络的研究，这样的研究将有利于阐明疼痛，尤其是慢性痛发生过程中的神经网络机制。同时，通过整体动物痛觉行为研究，从高级功能的角度阐明疼痛发生过程中的情绪、情感、学习、记忆机制。此外，慢性痛信息在中枢不同核团之间的处理过程，是一个非常复杂的非线性动力学的过程，只有结合计算神经科学的方法，才能真正理解神经核团和脑区之间的信息处理，因此，可以从异常的痛觉机制的角度理解痛觉的神经基础。

重要支持方向：

1）复杂动态环境中感知觉信息处理的神经机制及其神经表达的时空特性；

2）感知觉经验如何影响皮层的结构和功能，即感知觉皮层的可塑性；

3）特征绑定的认知神经机制；

4）在单个神经元和神经元集群水平上，视觉经验如何改变神经元反应和总体神经活动，如何影响皮层区之间的交互作用；

5）面孔识别的特异性本质，面孔识别与表征在神经发育中变化的物体表征和识别可塑性，面孔快速分类的神经机制；

6）多通道感知觉信息的整合及其神经机制和计算机理；

7）疼痛慢性化的神经生物学机制，疼痛的认知机理；

8）以数学模型和信息理论为工具，结合实验事实探讨感觉信息的神经编码机制；

9）发展各种数据处理方法，从实验数据中分析神经编码的特性以及噪声在神经编码中的作用。

三、认知的神经基础

脑的高级认知功能是指人和动物具有的学习、记忆、注意、语言、抉择、智能和意识等认知功能。这些认知功能是动物和人类适应环境、对永恒变化的开放环境采取最优适应的基础。更确切地说，生物体适应环境的生物基础是脑神经系统。神经系统并非参数固定不变的机械系统，而是一个时刻与外界环境进行能量、信息交流的远离平衡的开放的动力学系统。我们已经知道，神经系统在从细胞到皮质环路的各个层次上不断发生着协调、可塑的改变，但人类至今对这些变化的条件和可塑性发生的形式所知甚少。

（一）神经信息的编码机制

外部世界的信息在大脑内都被统一地编码成了神经元的电活动。了解神经信息编码的机制，是我们破译大脑计算方法的关键。对于神经编码的机制，人们提出多种假说，如发放频率编码、时间精细结构编码以及同步化发放编码等。这些假说都得到了一定的实验支持，但也遇到了很多挑战。一种可能性是这些机制都有一定的合理性，它们适应于不同生物体或同一生物体的不同脑区。例如，时间精细结构编码更可能用于感觉系统，如猫头鹰的听觉系统；而发放频率编码则更适用于中枢神经系统，这是由于它对噪声的鲁棒性更强。近年来对单神经元动态发放模式产生机理的研究揭示了神经元发放的动力学机理，人们随即迅速应用这些结果探索神经元发放模式的动力学转迁在诸如皮层神经环路等网络结构的功能状态转迁中的意义，这将从神经元基本性质的层面对神经环路的功能产生新的认识。在神经元簇的层面上，大脑倾向于群编码机制，即用一组神经元的活动来编码物体的信息。这样的好处是提高了对噪声的稳定性以及对外界变化的快速反应能力。在群编码方面，已经有了大量的实验支持和广泛的理论研究。有实验发现，在视网膜神经节细胞层，神经元之间可以通过不同组合方式形成多个同步化放电群体，这种动态群体甚至可以在数量上远远超过标本中被考察神经元单体的个数。同时，编码机制也可能不是单独存在，而可能是多种机制并存。已有实验发现，某些视网膜神经节细胞用单个神经元的放电频率来代表刺激的强度，而用协同放电来反映一些颜色信息和运动信息。另外，在系统层面上，科学家们也提出神经编码可能具有的一些一般性原则，如有效编码和稀疏编码，这些编码原则在视觉理论中得到了很好的应用。近年来，科学家们也认识到神经编码还有一个特点，即神经系统需要在对编码过程不完全了解的情况下解码物体的信息。在数学领域，这叫不确定性解码。此外，最新的实验数据表明，神经元的阈下电活动或者神经胶质细胞的活动也可能参与信息编码，但是这方面的理论研究还几乎是个空白。随着未来 10 年内实验技术的发展，特别是多电极记录及脑成像技术的发展，神经信息编码机制研究会有大的突破。同时，神经信息编码机制研究不仅仅在于对机制本身的认识，很重要的一点还在于能够将这些编码机制应用于人工智能的发展和临床康复。

（二）学习、记忆及信息储存的神经网络

1. 学习的神经网络

学习是生物体在和外部世界的相互作用中，从外界获取新知识、新技能的过程。人的学习能力远远超过别的生物体。尽管初生婴儿在很多技能方面都落后于初生的小动物，但人能够在后天环境中不断学习，从而在智能上远远超过别的生物体。这种贯穿于整个生命过程不断学习的能力是人脑区别于其他动物神经系统的关键。因此，了解学习的神经机制是破译人脑智能的关键。神经元之间的突触连接强度的变化通常被认为是学习的物质基础。早期的理论模型研究主要基于简单化的 Hebbian 学习律，该假设认为当两个神经元同时兴奋时，它们之间的突触连接强度会增大。近 10 年来，实验神经科学家揭示了更多有关 Hebbian 学习

律在神经元相互作用层面上的细节。一个重要的发现是长时程的突触改变依赖于动作电位发生在突触前和突触后神经元上的细微的时间差别：如果突触前的动作电位领先于突触后的动作电位，那么突触的强度增强；反之则减弱。这个学习律称为动作电位时间依赖的可塑性。这个规律的发现在过去10年内吸引了大量理论工作者去研究这种突触可塑性如何影响大脑的计算功能。人们发现STDP（spike timing dependent plasticity）可以产生学习过程中的竞争机制，帮助形成神经元的功能柱结构（如视觉朝向的神经元功能柱）。但是除此以外，更进一步的进展还很少。一个主要的原因是实验数据不够，如我们依然不知道，在神经元之间在有多个（而不是一对）动作电位相互作用的情况下，突触的改变所遵循的规律。另外，最新的实验表明，学习律也受到多巴胺水平的调制；在慢波震荡的情况下（如睡眠），学习律还会发生时间相位的反转。现在有大量的实验神经科学家在研究突触的可塑性规律。但是，目前反映突触强度变化的实验检测指标还不够成熟。例如，众多实验室设计了不同的刺激模式，诱导长时程增强效应（LTP，long-term potontiation）和长时程抑制效应（LTD，long-term depression），这能否充分反映突触系统结构和功能活动受经验调制的变化，特别是这种变化在脑内工作环境中的表现和意义，仍然需要深入探讨。突触强度可塑性的机理可能涉及突触前、突触后及神经胶质的支持和调制作用等若干方面，如果将这些方面考虑为突触系统并谋求建立其动力学模型，将理论计算与实验检测相结合来研究突触传递强度改变形成、表现、消退的规律，将可能基于新的理解提取出学习网络的节点和连接的新特征。随着实验证据的积累、对突触和神经环路等层次可塑性变化机理认识的加深，有关学习的理论研究可能会有大的突破。

在网络的层次上，实验神经科学家也发现了很多与学习相关的有趣现象。人们发现在自然图像的刺激下，猫的视皮层的神经环路可以发生快速的改变，一幅自然图像重复几次就足以导致猫的视皮层神经元产生可重复的活动模式。在斑马鱼的视顶盖，通过钙成像的方法，人们发现神经网络可以学会记住时间间隔长达

10秒的时间序列（视觉图像），而我们知道单个神经元的动力学时间尺度是在毫秒量级。在大鼠的皮层，人们发现单个细胞在重复的高频刺激下，可以激活大面积的神经元活动。要解释以上现象，我们既需要考虑学习机制，也要考虑网络的大尺度结构。一个局部的学习律如何在合适的网络拓扑结构中改变网络的宏观动力学行为，并进而实现了大脑的功能，这是计算神经科学家在未来10年需要重点研究的一个方向。

人工智能和机器学习领域对学习算法也有广泛的研究。实际上，人工神经网络的反传算法正是得益于生物神经系统的启发，尽管后来的实验数据表明反传算法在生物学上是不合理的。机器学习领域内的科学家们发展了很多学习算法用于处理各种实际问题，如模式识别。这些算法通常是基于数据结构的统计上最优化的学习机制，因此对于我们研究神经系统的学习算法也会有启迪作用，例如，机器学习中的支持向量机算法在蝗虫的嗅觉信息处理中就有很好的应用。在学习机制的研究中，如何与人工智能及机器学习的发展取得有益的互动是未来计算神经科学家需要考虑的一个问题。这种互动既包含从生物系统中获取灵感来发展人工智能的算法，也包含从人工智能的算法中获得启迪来揭示神经系统的学习机制。

神经发育学的研究表明神经系统在不同的发育阶段会有不同的结构和计算功能。例如，在猫的视觉系统的发育过程中，神经元的朝向敏感性是先天遗传的，而运动方向敏感性则是后天学成的，而且这个学习过程必须在睁眼后的一个特定时间窗口之内形成。目前，计算神经科学还很少关注计算在发育不同阶段的特点。我们希望在未来10年内，有计算神经科学家会研究这些差异。了解这些差异不仅有助于我们更好地理解成年期的脑功能，而且有助于我们了解遗传发育的机制。

2. 记忆及信息储存的神经网络

记忆是生物体从外界获取信息并将它储存在大脑中的过程。记忆根据时程的不同可分为短期记忆（或工作记忆）、中长期记忆和长期记忆；根据表达方式的不同可分为陈述性记忆和非陈述性记忆。短期记忆也可以通过单个神经元或多个神经元形成的群体的活动模式来体现，而这种短期信息储存，对感觉系统神经元有效应对复杂的环境变化非常重要。现在有关记忆理论的研究还集中于简单的形式，即短期记忆和长期记忆的网络实现机制。这些模型的基本出发点是认为神经网络是一个大的动力学系统，它的稳定状态代表对物体的记忆。Hopfield 模型是记忆模型的一个早期代表，该模型用 Hebbian 学习律将物体的信息储存在神经网络状态空间中的各个孤立点上。新的记忆模型，连续吸引子网络，则把 Hopfield 模型往前推进了一步。这个模型考虑有关物体特征的记忆在网络状态空间形成了很多连续的子空间；物体之间的相互关系，如相似性和类别，则储存在状态空间的拓扑结构中。连续吸引子模型已经被成功地用于描述生物体对空间位置、物体朝向以及头的方位等多种连续变量的记忆中。显然，我们对记忆模型的理论研究还有很长的路需要走。实验神经科学家已经开始了对记忆固化机制的研究。例如，人们通过记录神经元的电活动，发现了大鼠在睡眠中会再现在清醒时经历的场景；而且有趣的是，在慢波震荡的情况下（睡眠），学习律还会发生时间相位的反转。这些实验现象如何帮助实现了记忆固化是计算神经科学家需要解决的一个课题。实验心理学家还发现人对生物运动和连续变化的物体具有良好的记忆。新的脑成像技术的发展可以帮助我们研究更复杂的记忆模式以及它们之间的转化，如中短期记忆如何被大脑有选择地变成了长期记忆，这些长期记忆在脑区的什么位置，以及陈述性记忆和非陈述性记忆的机制有什么样的不同等。

（三）感觉系统及不同感觉模式之间信息整合的计算理论

生物体在不断的进化繁衍中，逐渐形成了能够适应生存环境的各种感知系统，如视觉、嗅觉及听觉等。

眼睛是心灵的窗户，我们对外界信息的感知有80%以上是通过视觉系统得到的。实验和理论科学家对视觉机制的研究由来已久。从Hubel和Wiesel开始，实验科学家一直致力于了解在视觉系统不同层次上的神经元的感受野性质。而理论科学家则致力于用数学模型来解释这些性质，进而了解神经系统如何实现了对物体不变性的识别。了解脊椎动物和哺乳动物的视觉功能是神经生物学的基础研究之一。而视觉功能研究大多集中在视网膜和初级视皮层V1区。视觉信号的初级处理发生在视网膜，所有的视觉信息都来自于视网膜神经节细胞所产生的动作电位。视网膜因其具有清晰的分层结构和较少的细胞类型而备受研究神经编码的科学家的青睐。而对初级视皮层的研究，这不仅由于初级视皮层在视觉信息处理过程中有重要作用，也因为理解初级视皮层的功能将会帮助理解大脑中其他区域的信息处理过程。初级视皮层是视觉传导通路上的第一个区域，在这里，单个神经元对于视野中的几何特征（如一个图形的方向及位置）非常敏感。在初级视皮层的单一神经元对于图形中某个角度方位有它的敏感性，也就是它在这种角度出现时产生更高的动作电位发放频率。视觉信息通过V1区的神经元网络处理之后传入V2、V3、V4、MT等高等视觉皮层区域，在V1区辨别基本几何特征的基础上，继续接受处理与加工。

从Hubel和Wiesel开始，电生理学家通过所谓“感受野”的概念发展V1神经元的基本数学模型，利用简单视觉刺激（如点、线、光栅纹）系统地测定了感受野的位置，由此来鉴定视觉区域中使神经元有反应的区域。这种线性系统分析的方法在研究视网膜和外侧膝状核方面已经取得重要的成果。但是后来研究发现，对视网膜和V1区，不同的刺激方法会产生不同的结果。例如，使用光点来测出的感受野往往比用光栅纹或线测出的感受野要小。并且，当刺激信号大于某一个区域时，就会产生抑制性的发放频率。此现象通常被称为感受野的“周边抑制”。同时，单个神经元对视觉刺激的响应还有适应、“contextual modulation”效应（对经典感受野外的不同刺激有相对的反应）、整合野效应等。因此，在单个神经元上，上述的各种现象已显示 V1 神经网络在不同时空上的结构，尤其反映了兴奋性神经元与抑制性神经元之间非线性的交互作用，这不是用经典感受野这个概念就可以解释或模拟的。而且，近年来越来越多的研究表明，直接使用自然图像刺激对探索视觉系统中某些未知的特性可能极为重要。

在单个神经元的基础上，最近研究发现，V1 网络还有多尺度的空间结构，而往往是感受野相似的神经元连接在一起。光学成像结果显示在小于一平方毫米的空间里有个微环路，也就是所谓的朝向柱。如此一个拥有大约 10 000 个神经元的微环路同时编码视觉信息。而且，单个 V1 神经元的感受野小于1°。因此，视觉信息需要从大量的、分散的视野整合来形成一个整体的、统一的视觉对象。研究此方面机制与算法需建立比现有模型大百倍以上的一个复杂网络模型，也就是一个含有上百万个神经元的大规模神经网络。尽管有最现代的计算机，但模拟如此庞大的动力系统并非易事。而我们最终要理解这些复杂的大规模神经网络的结构及功能，不是仅作数值模拟就可以实现的。运用降维技术建立一个与实验和模拟数据相一致的数学框架可以为理解视觉信号处理过程提供很大的帮助。

从解剖特性上看，在视觉系统中，视网膜神经节细胞层是整个通路中神经元数量最少的部位，因此在解剖上形成了视觉信息通路的瓶颈。如此的结构特性决定了神经节细胞阶段的信息处理过程必须采用高效的编码方式。传统上认为编码主要通过神经冲动发放的模式来实现，从而将信息通过突触传递给下一组神经元。现已提出了几种不同类型的神经冲动的时间编码方式，包括放电频率编码、精确时间编码及动态神经元群体编码。从模型角度来看，近年来针对视觉系统功能及电生理特征的数学模型大致有两大类：速率模型（rate model）和尖峰神经元模型（spiking neuron model）。Rate model 常常被用来模拟神经元群体之间的非线性相互作用。初级视皮层可分成大约 6 层，每层一平方毫米的区域有 4000～20 000 个神经元，而每个神经元有上万个突触连接数百个神经元。一个最小化的单层模型就需要上万个常微分方程，需要发展专门的计算方法来进行求解。近年来对视觉系统研究的突破，部分来自光学成像结果的研究，基于这个现象建立的关于 V1 区的细致的计算模型所提出的理论，不但成功地提供了机制，也有了实验上的验证。高级视皮层的研究有望有类似的突破。多电极矩阵技术可以同时测量一个神经元群体的动作电位以及局部场电位。由于视觉系统神经元群体功能的重要性，对这种技术的应用和相应数据计算分析工具的发展则更为重要。目前，视觉机制研究的一个关键难点是要确定 V2 区及以上视皮层神经元群的运行机制。由于这些神经元的非线性反应特点，人们需要发展新的实验及理论方法。

嗅觉系统是一种最简单、但在种系发生上最古老的感觉系统，因此对它的研究也可能为研究别的感觉系统提供原型。气味分子被不同种类的嗅觉感受器初步编码。嗅觉感受器有很多不同的类型，每一种嗅觉感受器都能对许许多多不同的气味起反应，同一种气味能激活许许多多不同的嗅觉感受器，嗅觉感受器将气味信息投射到嗅小球，每一个嗅小球只接受某一特定类型的嗅觉感受器的输入。对于脊椎动物来说，嗅觉信息经嗅小球传输到嗅球的僧帽细胞，然后进一步传输到各皮层区。对于昆虫来说，嗅觉信息经嗅小球传输到触角体的投射神经元，然后进一步传输到蘑菇体和侧角。对于嗅觉信息处理来说，一个关键的问题是气味在嗅觉系统中是如何被表达的？一个合理的推测就是嗅觉信息是由一大群神经元活动的时空分布来表达的。我们希望在动力学上针对瞬时动力学（transient dynamics）这方面的理论探索会进一步地展开，而且在系统神经学研究里起决定性的应用。

大脑通过听觉系统获取外界的声音信息。声学信号的性质与语言元素之间的对应机制是听觉感知研究中人们非常感兴趣的问题，但是这种机制非常复杂，对于人是如何识别元音和辅音的这一问题也没有完整的理论。目前人对语音的感知机理主要有多种理论：如电机理论（motor theory）假设人所听到的发声事件是由神经运动指令发送到发声器官（如舌、唇、声带等）；直接现实主义理论（direct realist theory）则认为人所感知到的发声是真实的、具有语言学结构的发生管道运动；听觉学习通路（general auditory and learning approaches）假设对于语音，没有专门的机制或者模块来解释语音感知，人们对语音的理解和感知与对其他自然环境声音的感知机理是一样的。听觉感知中的一个基本问题就是如何将原始的传感器信号变换为对感知和认知机理研究有用的编码形式。目前对于耳蜗神经元的响应特性已经有了较多的研究，但是人们对于这些特性及听觉的编码机理还没有深入的理解，需要进一步建立和完善计算理论体系。

如上所述，大脑通过多种感觉器官，包括视觉、听觉、嗅觉等，来获取外部世界的信息。这些外部输入在中枢神经系统汇总，和来自别的脑区的信息（如记忆）整合，最后形成了我们对外部世界的认知。因此，了解神经系统信息整合的计算机理是我们揭示脑高级功能的关键。到目前为止，有关神经系统信息处理的理论研究往往集中于考虑单个的感知系统。一个例外是同步化理论，该理论认为当神经系统在整合来自同一物体不同属性的特征时，神经元群会同步放电。这个理论的生物学合理性及适用范围需要进一步的实验证实。实验方面，对多模态信息整合机制的研究已经广泛展开。目前，国际上这方面的工作主要集中在两个层次上。在宏观研究层面，通过检测果蝇、蜜蜂等无脊椎动物的行为或者运用 fMRI 方法检测人类大脑皮层的活动，揭示了多种感觉通路在信息加工和/或行为产生过程中的相互作用。在机理研究层面，通过对猫、狗、猴等动物进行细胞外记录，发现了一些对多种感觉刺激有反应的脑区和神经元。

从统计理论的角度看，信息整合的最优算法是贝叶斯推理。这种推理方法综合了系统已有的先验知识及来自外部数据的不确定性。那么，神经系统是否用贝叶斯推理来整合多模态信息呢？这是一个有趣的计算问题。在人的心理物理实验中，人们发现人脑会用贝叶斯推理整合来自视觉和触觉的不同信息。在实验中，被试者通过视觉和触觉信息来估计一个模糊场景中物体的高度，人们发现，最后被试者的估计误差是分别使用两种感知系统的估计误差的倒数之和的倒数，这个结果符合贝叶斯推理的预测。在果蝇的条件化刺激实验中，人们发现视觉和嗅觉信息会相互促进，收到“1＋1＞2”的学习效果。

要从理论上回答多模态信息整合的计算机制，一个关键的问题是必须了解不同模态之间的信息交流方式，特别是神经系统如何协调不同模态的编码机制及神经元活动的不同时间尺度问题，如听觉信息处理的时间尺度要远远小于视觉信息处理的时间尺度。根据信号来源的不同，神经信息整合又可以分为两个子问题：①不同模态之间的信息整合问题；②同一模态下物体不同属性的信息整合问题。前者的一个例子是视觉和听觉的信息整合问题；而后者的一个例子是视觉系统中同一个物体的不同属性（如大小、颜色及形状）的整合问题。大脑完成这两种整合任务的计算机理可能是不同的。在未来 10 年内，随着实验数据的积累，将有更多的理论工作致力于这方面的研究。

（四）工作记忆神经网络构成及动态机制研究

在现实生活中，数不清的人类行为需要大脑整合和短期适时储存（工作记忆）各种感觉信息才能完成，如思考数学题、视谱弹琴、在键盘上打字等由多个阶段过程整合而成的行为。因而，工作记忆在学习和执行各类感觉-运动行为中起着至关重要的作用。然而，在行为过程中，使各类信息适时地储存在脑中以进一步整合并调控行为的神经机制尚未得解。因此，极有必要以多种研究手段澄清工作记忆神经网络中神经元间的相互作用和机制。研究工作记忆的神经机制，对理解感觉-运动行为的神经生物学机制、脑损伤（如脑卒中）的恢复、脑的正常和病理的老化及各类精神疾病的病理学（如精神分裂症）都非常重要。

（五）记忆固化与消退

1. 记忆固化

100 多年前提出的记忆巩固假说，现在仍然指导着记忆研究。在20世纪中叶，提出的记忆的双痕迹理论认为负责记忆的反复震荡神经活动的稳定产生了长时记忆。蛋白合成抑制剂可以破坏长时记忆，但是并不破坏学习，这支持了记忆可以分为两个阶段的理论。不同的记忆是在不同的脑区域加工处理的。背侧海马影响空间记忆，而纹状体影响视觉记忆。杏仁核调节记忆巩固的作用是由海马介导的。海马中的长时程增强所产生的分子和细胞学改变被广泛认为是记忆的基础，杏仁核与海马的相互作用介导了记忆巩固。突触长时程增强被认为介导了记忆巩固，发现了影响长时程增强的分子，这些分子即构成了巩固的分子机制。有几个重要问题期待得到进一步的研究：首先，海马在记忆巩固或稳定中的角色的时程问题；其次，长时程的记忆巩固的分子和细胞机制还远未阐明；最后，LTP是不是代表了记忆的巩固？这个假说还需要确定性的实验证据。

新记忆在最初的学习经历之后被稳定下来，这一过程叫做巩固。巩固理论认为记忆在存储后是稳固的。然而，有些数据提示，提取记忆痕迹会引发其一个额外的不稳定期，导致在提取之后需要一个主动的过程来稳定记忆。最近，这一过程被叫做重巩固，人们认为这对长时记忆的加工来说是一个很重要的部分。但是，重巩固不仅仅像它的名字所提示的那样，仅仅是巩固的一个重复。虽然两者之间在功能和机制上都有重叠之处，但重巩固是一个不同于巩固的提取后稳定过程。提取之后记忆维持的细胞过程在理论上可以被现有的可塑性理论解释。这提示我们，原来把巩固看做是一次性的增强和稳定突触不变的持续的长时记忆过程，此概念解释是不充分的。相反，记忆的维持很可能是一个持续的、动态的过程。最近几年，重巩固的研究已经被扩展到人类和啮齿类等物种。这些实验证据提示，提取后不稳定性在诱导旧记忆的可塑性上具有一个进化上保守的角色。然而，重巩固理论还存在争议。虽然有些研究发现维持记忆的提取后机制是长时记忆的关键过程，但另外一些研究未能在提取后破坏记忆。这提示在一些情况下，记忆的提取后破坏可能只是某些实验步骤的假象。这一有关记忆的活化后修饰的本质和时间跨度的争论还远未得到解决。然而，负结果可能提示在那些条件下不能出现重巩固这一现象。

2. 记忆消退

恐惧抑制大多是通过一个特定的程序进行研究。在这个程序中，向一个以前恐惧条件化过的生物展示同一个引起恐惧的条件刺激，却没有厌恶性的非条件刺激。这一程序导致了条件性恐惧反应的消退，这一过程就叫做恐惧消退。每当条件刺激对非条件刺激的预测价值减少的时候，恐惧消退就会发生。消退具有一系列的行为特性。第一，消退不同于遗忘。虽然确定在消退中没有发生遗忘是很困难的，但很多研究都显示消退不能充分解释遗忘。因为消退需要条件刺激的展现，遗忘只需要时间的流逝。这对恐惧记忆来说尤其如此，因为恐惧记忆可以持续几个月甚至几年而仅有很少会被遗忘。第二，很多程序都可以导致消退。宽泛地讲，任何导致条件刺激对非条件刺激预测价值下降的程序，都会导致对条件刺激的非条件反应下降。所以，关键因素是对以前训练所形成的预期的违反。第三，消退是线索特异性的。第四，消退一般是不可持续的。在消退训练之后，条件化的恐惧反应的减少是不可持续的。很多条件都可以使这一反应重现。研究最集中的是加强、重新和自发恢复。加强指的是消失的恐惧反应在未预期到的非条件刺激展现后的重现。重新是指改变环境后动物条件反应的重现。自发恢复是指随着时间的流逝，条件反应恢复并无明显的训练过程。

消退的理论解释主要有三种。第一，一些学者认为它的机制是去学习。也许最简洁的解释莫过于认为，条件刺激与非条件刺激之间的联系在消退时不断地被弱化并最终被破坏。这一机制在很多有影响力的理论中出现，但是现在很多学者对此提出质疑，因为它不能解释上面提到的消退的不持续性。所以，现在一般认为有更复杂的机制参与了消退。第二，当今多数学者认为它是新的学习。消退训练没有影响到以前学习到的兴奋性联系，而是另外一个抑制性的联系形成了，这两种联系之间的相互作用可以在实验中被观察到。这一机制被引入很多理论中。为了解释消退的不持续性，很多理论认为新形成的抑制性联系是不稳定的，它是受环境控制的。环境包括时间、内感受线索和空间线索。第三，也有学者认为它的机制是非联系机制。习惯化是一种非联系学习。消退与习惯化现象之间的共同点提示了两者可能有共同的机制。以上提到了三种机制，它们之间可能并不是互相排斥的。更为可能的是，消退可能具有多种机制。在不同的条件下，所参与的机制也有可能不同。消退的神经机制包括三个方面：解剖底物、递质系统、细胞内信号通路。参与消退的脑结构主要包括杏仁核、海马和前额叶。递质系统包括 GABA、谷氨酸、多巴胺、乙酰胆碱、类罂粟碱、神经肽、糖皮质激素、去甲肾上腺素和脑源神经营养因子等。细胞内信号通路包括钙通道、第二信使等。记忆消退已经是研究恐惧和焦虑综合征的成熟范式。这一领域的突破可以很快由基础研究转移到临床。

（六）社会学习

人类的学习区别于其他物种的特性在于可学习到的技能的范围和复杂性，还有可完成的抽象程度。人类也是唯一发展出老师、学校和课程等正式的方式来增强学习的物种。人类婴儿对人和其行为具有强烈的兴趣，他们具有可被社会互动所影响的内在学习机制。神经科学家正在探究学习的脑机制，探索负责感觉和运动的脑系统如何负责社会学习。正在发展的机器学习算法会使机器人和计算机自主学习。很多领域所形成的见解会改变教育的施行，从而生成一个新的学习科学。

各方面的研究形成了三个人类社会学习的原理。首先，学习是通过计算来实现的。发展心理学和机器学习的发现提示了学习的计算原理。婴儿和儿童具有强大的计算能力，他们能从经验的统计模式中推断出周围环境的结构模型，并利用经验中的统计模式来学习语言和因果关系。机器学习的目标是发展出能自动从经验中提高的计算机算法和机器人，新的机器学习可以在没有强化或监督的情况下完成。其次，学习是通过社会互动来实现的。儿童倾向于关注人和模仿别人的行为，机器学习研究也表明系统地增加机器人的类似社会行为和对偶然事件的反应性，可以增加儿童与机器人沟通学习的意愿。教育正在越来越多地体现出社会相互作用这一原则，可以用来提高学生的学习水平。最后，学习是通过具有可塑性的脑结构来完成的。神经科学家发现复杂感知和产生行为的脑系统之间有重叠，社会学习和模仿是通过感知和运动神经系统的修饰和完善而发展起来的。社会神经科学的目标是发现负责联系和协调自我与他人的脑机制，这是社会交流和相互作用的标志。

儿童在与其他人的互动中迅速地学习。三个社会技能形成人类的发展基础，并且在其他动物中很少见。这三个社会技能分别是模仿、共同注意和共情理解。第一是模仿，靠观察和模仿一个专家的学习是一个强大的社会学习机制，儿童模仿很多行为，包括父母的风格、语言模式和运用工具。儿童可以利用他人的信息来增加自己的知识，这就提高了学习效率。模仿在机器人和机器学习领域中被广泛作为一个挑战性的计算问题来研究，现有的模仿的计算探索可以分为直接的和基于目标的方法。第二是共同注意易化了社会学习，对同一物体和事件的共同注意提供了交流和教学的共同基础。第三是共情和社会情绪。感受和调节情感的能力对理解人类智力至关重要，这在人类-计算机相互作用方面已经成为一个活跃的领域。对人类来说，很多感情过程都是社会特异的。对成人的脑成像研究显示，人们在接受一个痛刺激和看到别人处于痛苦中时激活的神经系统有重叠。这些神经反应受到文化经验、训练、自我与他人类似程度的调节。

按照训练的方式，学习分为三种类型：无监督学习、监督学习和强化学习。无监督学习和监督学习分别集中在突触和神经网络水平研究学习，而强化学习最初是在行为心理学层次探讨学习机制。强化学习是指动物只依赖奖励或惩罚学习与之相关的刺激或应采取的动作，奖励或惩罚是强化因素。经典条件化学习和操作式条件化学习都属于强化学习范畴。条件刺激、非条件刺激和条件反应在强化学习中分别被称为刺激、奖励（或惩罚）和对奖励（或惩罚）的期望。对经典条件化学习来说，强化因素呈现与否和动物采取的动作无关。操作式条件化学习要求动物做出正确动作才可以得到奖励，与动作规划和抉择等认知功能密切相关，是目前强化学习领域的研究热点。强化学习的关键是奖励预测误差，即预期得到的奖励与实际得到的奖励之差。在某种意义上，强化学习可被视为教师信号是预测误差的一种监督学习。与经典条件化学习遵从的 Rescorla-Wagner 律（即 Delta 学习律）不同，真正的强化学习不仅需要预测奖励的数量，而且需要预测多个奖励或惩罚在时间轴出现的确切时间。目前较一致的观点认为，机器学习中成熟的时序差分学习和 Q-学习等强化学习理论算法可以解释奖励依赖的联想学习机制。近十几年来，这种假设得到大量的实验支持。清醒猴的电生理记录显示，中脑腹侧被盖区和黑质的多巴胺神经元发放率与奖励预期误差显著相关。当得到一个没有预期到的奖励时，多巴胺神经元产生一个强烈的相位发放反应；当预期的奖励没有出现时，多巴胺神经元发放被抑制；而当预期的事情和实际出现的一模一样时（预期误差为零），多巴胺神经元发放保持基线水平。作为被试猴进行动作学习的重要依据，该误差信号被认为编码了机器学习中成熟的强化学习理论的教师信号，指导奖励依赖的联想学习。强化学习理论概念和算法逐渐融入多巴胺神经元的功能研究。一方面为抽象的学习理论找到对应的神经基础，另一方面将多巴胺神经系统研究纳入成熟的学习理论框架，为探索多巴胺系统的作用机制找到了新途径。

多巴胺是昆虫和人类神经系统共有的一种重要的神经递质/调质，多巴胺水平失常，可破坏果蝇嗅觉厌恶性条件化学习，可使人产生运动、认知、动机和学习等多方面障碍。例如，多巴胺水平远低于正常值的帕金森病患者除了有震颤和僵硬的表现外，还表现出工作记忆、注意、运动表象和抉择等认知方面的障碍。前额叶接受多巴胺的广泛投射，其认知功能被调控；多巴胺在基底核的调控对前额叶的工作记忆有门控作用；多巴胺也对皮层-

纹状体突触可塑性起重要调节作用；最近的实验甚至发现多巴胺神经元的数量是可变的，这是对传统神经回路可塑性的挑战。多巴胺的功能异常复杂，以至于有观点认为应该按照不同时间尺度来研究。例如，在几百毫秒的时间尺度上，多巴胺神经元的相位发放反应（潜伏期为70～100毫秒，发放时程小于200毫秒）编码上述强化学习的预测误差。然而有证据表明，即使在该时间尺度上，中脑多巴胺神经元也不仅仅与预测误差相关，而是对一系列有生物重要性的突发事件都有反应，突然而至的新刺激、强烈的感觉刺激、与已经建立联想的刺激相似的新刺激等都有反应。探索多巴胺在相关释放脑区的计算作用是揭开强化学习及脑的相关认知功能的关键问题之一。多巴胺失调可引起药物成瘾及各种精神疾病，神经科学在这方面的进展更是临床医学始终关注的焦点之一。多巴胺神经元的相位发放编码预测误差的发现，标志着强化学习机制探讨从行为心理学层次转移到神经环路甚至神经元层次，这个方兴未艾的领域涌现出很多重要的研究课题。

与人工智能等领域的深度交叉是强化学习的显著特点。强化学习理论本身是从控制理论、心理学和统计学等相关学科发展而来的。20世纪80年代末，强化学习技术在人工智能、机器学习和自动控制等领域得到广泛应用和研究，并被认为是设计智能系统的核心技术之一。正如强化学习的定义，智能设计的目标就是没有专家指导，而让主体在动态环境中通过与环境相互作用，经由反复尝试，以求从错误中得到经验来达到学习效果。然而，在机器人、工业生产线和计算机游戏设计等的实际例子中，这种本质上是动态规划加监督学习的智能学习方式还远未实现。原因并不是计算机速度太慢或者内存太小，而只是因为不能确定编写什么样的程序。也就是说，在随时可能碰到新情况的动态环境中，主体应采取什么样的行动，这是非常困难的问题。因此，深入揭示动物强化学习的神经机制无疑将对人工智能起到实质性的推动作用，人工智能等领域和神经科学的紧密交叉应是未来研究的重点内容。

（七）印记性记忆的脑机制

关键期为生物体生命周期中的一段特殊时期，期间，生物体对经验或经验的缺乏异常敏感。例如，一些出生不久就可以四处走动的雏鸟，在孵出数小时内会形成对父母形象的强烈记忆。在野生条件下，雏鸟喜欢跟随“母亲”或“兄弟姐妹”，这种现象被称做子代印记，或简称印记。关键期的名称就源于雏鸟只在一段相当短的时间产生印记。不同种类的动物，印记关键期也不同。在发育关键期内，神经系统极易受经验影响。对这种高度可塑性的深入理解，不仅对研究学习记忆神经机制本身有直接意义，对医学和教育的潜在意义也不言而喻。例如，可以为儿童教育及成年人再学习提供脑科学指导；为更完满的创伤恢复设计新的遵循神经科学原理的治疗方案。关键期被生物学界发现已有近100年的历史，但只是最近神经科学才有能力在实验室研究这种高水平的脑可塑性，控制关键期的发生时间、周期和结束时间。这是非常好的研究时机，如果能得到10年研究规划的资助，我国在该领域应该期待有意义的突破。关键期的启动和关闭是否可以改变呢？仓枭对猎物的声音定位，需要在关键期内学习听觉和视觉信息的准确整合。关键期带棱镜则严重干扰正常的声音定位功能。研究表明，去掉棱镜后，仓枭恢复正常的声音定位功能的能力与关键期饲养环境是丰富还是贫乏有很大关系。也就是说，关键期的长短不单由年龄决定，还可以被经验调控。如果引发适当神经活动的刺激一直不出现，发育中的神经环路会保持等待状态直到获得适当输入。关键期自身这种使用依赖的性质是最近才被逐渐认识的，迫切需要对该效应的细胞机制进行更深入的探索。

正常睡眠结构形成也存在发育关键期。初生小猫在出生第1天几乎都是快速眼动睡眠，从第2天起出现慢波睡眠，一月后，接近成年猫的睡眠类型；大鼠在出生后两周内，几乎全部是快速眼动睡眠，一月后，快速眼动睡眠缩短到10%；新生儿的快速眼动睡眠约占睡眠总时间的50%，并且入睡后很快就进入快速眼动睡眠期，成年人约占20%，老人则不到20%。在不同年龄，动物的睡眠结构不同，如果不同成分睡眠所占比例不正常，会影响动物学习、记忆等的一系列认知行为。猫和鼠睡眠发育关键期是出生后40～60天，有趣的是，该时期与动物眼优势柱发育关键期正好重叠。对睡眠发育关键期可塑性机制的深入探索，不仅对睡眠疾患等的治疗提供神经科学依据，而且会极大促进记忆的睡眠巩固机制的研究。作为一种特殊学习，关键期可塑性体现在视觉、听觉、运动、味觉、嗅觉、语言和性格形成等多个方面，脑的不同系统的关键期并不重叠。除上述研究方向外，多模态学习的相互作用也是重要课题，关键期多模态可塑性相互作用为深入研究脑的高级功能提供了模型。在此领域立项的意义也是广泛的。从神经调质对树突棘发育及突触连接可塑性的调控，到制定符合脑卫生的外语教学策略及为形成健康心理和人格探讨科学的婴幼儿抚育方法等，该领域的发展关系到我国教育、医疗和健康等多方面，可以为提高国民全面健康水平作出实质贡献。

（八）工作记忆和语义记忆的脑机制

1. 工作记忆的脑机制

我们常需要将当前要用到的信息暂时储存起来，为我们正在进行的工作服务。这种短时程的记忆被称作工作记忆。我们将从两个方面探讨这个题目。第一，在宏观的层次上，有哪些脑区参与了工作记忆的过程？这些脑区之间的关系是怎样的？第二，就环路层次来说，工作记忆是由什么样的神经元活动所代表的？调节这些神经元活动的机制是什么？

（1）宏观研究

工作记忆的神经元机制研究始于在猴脑中的电生理记录。在实验中猴子必须在一段延缓期内记住一个空间位置，并在延缓期结束后对该空间位置进行操作。他们在猴子的前额叶上记录到了相应的记忆神经元，这些神经元在延缓期表现出持续的发放增高。同样，在之后对人的fMRI研究中，也在前额叶找到了对应的区域，这些区域的神经元在延缓期中表现出活动增强。对前额叶的各种损伤实验也同样证实了该皮层区在工作记忆中的重要性。这些研究认为，工作记忆可以定位到前额叶。但是，近来的若干研究结果改变了这一观点。在猴脑内若干高级感觉皮层区域都发现了类似的延缓期活动增高。例如，IT区是腹侧视觉通路中较为高级的区域，处理复杂的形状信息。这个区域的单细胞记录发现在延缓期的神经元活动增强。在背侧视觉通路上同样找到了类似的细胞。例如，LIP区神经元的发放随猴对于空间位置的记忆而增高。因此，工作记忆也许并不是由某个特定脑区所负责，很可能大部分的联合皮层甚至感觉皮层都能够支持延缓期的持续放电活动。当要储存某种工作记忆时，根据所要记忆的内容的模态和性质，可能有一个从上往下的调节信号激活相应的皮层的持续活动，从而完成工作记忆的暂时储存。那么这个从上往下的调节信号是由哪里发出的？它如何确定要激活哪些脑区？有证据提示，前额叶在调节其他脑区的活性中起着很重要的作用，也有证据证明多巴胺系统在工作记忆中所起到的调节作用。对这些问题的深入探讨很可能是未来一段时间工作重点所在。

（2）环路机制

对工作记忆中神经元持续发放的环路机制的研究至少可以回溯到D. Hebb的研究。一般认为这种现象是由神经元的回返连接所介导的自激活产生的。在神经网络模型中，常将神经元的低活动水平和高活动水平看做两个吸引子状态，而外界的刺激可能导致网络在这两种状态之间进行切换。这种双稳态是由正反馈和负反馈的相互作用产生的。如果对某种刺激起反应的神经元群体的总体活动水平不高，那么来自中间神经元的负反馈会保证这些神经元的自发发放被抑制，整个网络无法摆脱低活动状态；但是，一旦神经元群体被激活，导致它们的活动水平超出某阈值之后，整个神经元群体会摆脱负反馈的抑制而进入自激活的高活动水平。

由于对清醒动物进行环路层次研究存在困难，目前实验这些想法的主要是在脑片和麻醉动物中观察到的类似现象：UP 和 DOWN 状态（阈下膜电位向上和向下状态）。在这些神经元中，可以观察到电位分布主要集中在－75 毫伏左右的 DOWN 状态和－60 毫伏左右的 UP 状态。在 DOWN 状态下基本观察不到动作电位，而在 UP 状态下可以看到较高的发放。这两种状态之间的转换既可以自发完成，也可以由刺激所诱导。虽然这两种状态主要表现为电位的不同，而不是前额叶神经元中所记录到的放电速率的差别，但我们仍然可以从中观察到一些类似的环路机制。例如，在模型中和实验中都观察到 UP 状态下 NMDA 和 $GABA_A$ 电流的大量增加，并且证实了 NMDA 慢速电流对于 UP 状态的维持的重要性。有报道甚至观察到了多个定位于不同细胞群体的 UP 状态，而这些状态在神经网络模型中正对应着网络中所储存的不同的记忆。不过，也有一些研究报道了 UP 状态在空间上是以行波的方式传导的，表示这一问题尚有许多不明之处。

工作记忆在同一时间所能存放的信息不只一条。如果工作记忆是由某些神经元群体的发放所表征的话，不同的工作记忆如何分开？为了解决这一问题，理论研究者提出了相位编码的想法。按照这一想法，工作记忆的组织以 θ 波为基本参照物，代表不同记忆的神经元群体在 θ 波的不同相位发放，就达到了将它们分开的目的。每一个 θ 波中可以包含 7 个左右的 γ 波。假设每条工作记忆都储存在一个 γ 波中，自然就解释了为什么工作记忆中可以储存 7 条左右信息的问题。已经有研究发现，在记忆过程中，神经元的发放确实倾向于在 θ 波的特定相位发生，这为该理论提供了一定支持。关于这种相位编码如何产生和读取，也有一些理论工作要做。

2. 语义记忆的脑机制

人类的长时程陈述记忆可以大致分为两类：对于世界的普遍知识被称做语义记忆；对于本人所体验的某特定时刻的特定事件被称做情景记忆。那么，对于语义记忆的研究也就相当于对人类知识结构和概念系统的研究，它对于认知科学的重要性是不言而喻的。虽然对于这个问题曾经有大量的行为学和病理学研究，但真正对其神经机制的了解还是要始于近年来功能神经成像方法的发展。下面对近来成像研究的结果进行概述。

（1）分布式存储

首先一个问题是，不同模态信息输入所激活的概念系统是重合的吗？例如，我们看到苹果的图片或者听到“苹果”这个词后可能都会联想到苹果的许多属性。那么这两种模态的输入所激活的系统是否重合？正电子发射断层扫描（PET）成像的研究结果发现，包括左额下回（LIFG）的许多下颞叶和额叶皮层的活性在两种任务中都被上调。这就提示脑中存在着一个普遍的语义网络，它的内容的提取并不依赖于输入信息的模态。

虽然对于语义的提取并不依赖于输入信息的模态，但是语义网络中所储存的不同属性的信息仍然可能是分别储存的。例如，苹果的颜色、味道、形状这些“视觉”事实和它可以被吃的“功能”事实可能被储存在不同的脑区中。PET 成像的实验证实了这一观点：虽然前额叶区域在两种信息的提取过程中都起作用，但视觉信息的提取激活了腹颞叶皮层，而功能信息的提取激活了颞中回和 Broca 区。既然视觉信息和功能信息储存在不同的位置，我们很自然地要问：物体的各种视觉属性，如颜色、形状、大小，也是分开储存的吗？虽然有一些间接的证据提示这种可能性，在无脊椎动物（如果蝇）中也得到了类似的结果，但这个问题尚没有明确的答案。

另外一个问题是：储存视觉信息的皮层和用于处理这些视觉信息的皮层之间有什么关系？类似地，储存功能信息的皮层和用于执行相应运动的皮层之间有什么关系？有数个实验观察到被试者在进行视觉想象或视觉信息抽提时视觉皮层的激活。同样，在对运动相关的动词进行处理时观察到了运动前皮层的活化。大脑电活动（EEG）记录甚至发现了与腿部运动和面部运动相关的词激活了运动前皮层相应的不同区域。对于运动的想象也激活了运动前皮层的相关区域。

另外一个系列的研究发现，脑中对于不同类别的物体，如动物、植物和工具等，存在着不同的处理系统。PET 成像实验发现，对人物的记忆主要激活颞端；对动物的记忆主要激活颞下回的中段；而对工具的记忆则激活了颞下回的后段和运动前皮层。这些研究揭示了脑中知识网络的新结构。最近的研究提示根据已有名词的成像结果，用一个简单的线性模型就可以相当准确地预测新名词所导致的脑反应，迈出了对于语义记忆分布的定量研究的第一步。

以上的证据说明：第一，语义记忆并非基于一个单纯而未分化的系统；它实际上包含了许多功能上和位置上各不相同的脑区。第二，大部分的语义记忆并未超越模态；系统中概念的不同属性都紧密连接于处理感觉或者运动信息的相应皮层。这些结论与将语义记忆看做超模态的符号系统的理论相悖。

（2）整合系统

那么，语义记忆系统是否仅由这些分散的模态特异性的脑区组成？是否存在一个或多个脑区将这些分散的系统中的信息整合起来进行灵活运用？功能成像的结果显示，在众多不同的任务中都可以观察到 LIFG 的激活。关于这个脑区在语义记忆中所起的作用存在着若干观点：该脑区负责语义记忆的提取；该脑区负责在众多备选记忆中选出正确的记忆；该脑区负责把要提取的语义属性保持在工作记忆中；该脑区负责控制性的语义提取。从这众多假设中选出正确观点还有待将来的研究。在大量不同任务中也都观察到了腹颞叶的激活，而这个脑区在语义记忆中所起的作用尚未得解。

另外，在对于语义性痴呆患者的研究中发现了前颞叶的重要性。语义性痴呆的临床表现是患者所能表达和理解的词量的逐步下降及日常生活知识的逐步衰减。这种衰减对所有模态的记忆的影响都是大致相同的。关键在于，在所有这种病例中都能够观察到前颞叶的损伤。虽然仅在少量的功能成像研究中观察到这块皮层激活，但有观点认为它负责对不同模态知识的整合，并介导了概念间的归纳和泛化。这种观点的正确性也有待未来的研究。

重要支持方向：

1）脑发育、可塑性与智力发展的关系；

2）学习记忆突触机制及信号通路；

3）短时程记忆向长时程记忆转化的细胞分子和遗传机制；

4）工作记忆及长期记忆的神经元及神经环路、网络机制；

5）神经系统编码、处理不确定信息、介导行为的机制；

6）感觉系统的计算机理以及不同感觉系统之间的信息整合机理；

7）突触学习律的不同形式及其在脑功能中的不同作用；

8）动态记忆的结构；

9）记忆固化、存储和读取的神经元编码和网络实现机制；

10）选择性注意的神经元和神经环路机制；

11）奖励或惩罚信息如何在神经系统中被感知和编码；

12）强化学习怎样改变或重塑神经环路。

四、社会行为的心理和神经机制

社会性是人的本质属性之一，社会活动的成功和社会和谐取决于其成员对他人和自我的正确认识，并据此在复杂的社会环境中作出适当的决策，以促成社会成员之间的协调与合作。社会心理学研究强调人的社会性，强调人关于自我和他人的认识对人类社会行为的重要性。实验社会心理学通过测量行为反应探讨社会认知和社会行为的认知机制。社会认知神经科学结合社会心理学和 fMRI 等脑功能成像手段研究社会认知和行为的心理和神经机制。这些学科相互结合，研究人类如何在复杂的社会情境中加工与他人和自我相关的社会信息，探索相关的认知机制和模型以及相关的神经机制。本领域的研究目标是在脑组织水平上阐明社会认知、社会决策的神经基础及其与社会行为的关系，并揭示相关心理和神经机制的发展，以及异常社会行为的心理和神经基础。

抉择是认知研究的核心问题之一，是近几年来世界上神经科学家、心理学家和经济学家们所共同关心的热点问题。生命过程就是一个无休无止的不断作出抉择的过程，无论是人类或是线虫概不能外。抉择是一种生存能力，在生物演化的各个水平上、在脑功能的各个层次上、在人类生活的各个领域里……它无时无刻不存在。抉择就是基于知识和经验，权衡利弊得失，从可供选择的全部不同的操作方案中，选择相对有利者，实现奖励（价值）最大化、损失最小化的能力。人类的经济行为由一系列抉择构成，所以经济学家对于抉择或者说决策问题有种天生的关注。抉择遵循什么样的规律？抉择是否符合理性原则？人是怎样作出抉择的？这些问题一直是经济学家热衷的话题。但经济学中的实例对于科学研究的简单化要求来说过于复杂，在 2002 年 Vernon Smith 获得诺贝尔奖之前，实验经济学并不受重视。所以从行为学或者心理学角度出发，简化条件，设立可以定量化的行为检测指标，成为研究冲突条件下的行为规律的必然手段。

抉择的神经经济学理论所关心的问题是：在利益驱动下，人类的抉择行为表现怎样？对经济的影响如何？在经济学理论中，抉择行为的核心是效用和价值。从这一意义上理解抉择，即在不确定性条件下，通过估计各个冲突的选择项可能带来的收益和所要付出的代价，找到一个最适合自己意愿的并照此行动的过程。从数学上来讲，抉择的目的可看做预期的效用函数，这个函数可用来估计收益，即结果。我们可任意作出选择，但却不能直接选择抉择的结果，而只能得到围绕预期存在某个概率分布的实际结果。抉择的目的是为了使抉择的效用函数得到最大值。但由于存在误差，同样的选择并不一定得到同样的收益。对于同一任务，存在差异的个人获得最大效用的途径可能不一样，其各自所获得的最大效用值也不尽相同，所以采用适合个体情况的抉择策略，才能作出对个体最有利的抉择。

行为抉择理论在被引入到经济学研究范畴后，主要注重概率理论和统计学方面的研究。早期的经典经济学理论把人描述成超理性的经济学意义上的人，能够收集和处理完备信息，掌握当前全部信息，并且能对抉择结果作完全预计（结果确定），从而能作出最佳选择并获得最佳效能。经济学家认为决策者对自然状态和自己行为的效果会形成预期，并根据统计原则处理现有信息。在既有市场条件下，决策者的行为就被假定为正确分配相关随机事件的概率，选择一个使预期效用价值最大化的行动。在20世纪中期，这种观念逐渐让位于行为经济学。行为经济学认为，人由于知识和能力等多种因素的限制，不可能成为完备信息的掌握者，因而只能在有限的水平上追求一定限度内的理性抉择，所以被称为有限理性。在这个意义上，经济学的人并没有完全确定的选择，而是处在不断地修正中，并取决于环境和瞬间的感知状态，只在给定的某段时间内是确定的，即人的行为具有适应性。

行为经济学预期理论的出现揭示了人在不确定性条件下的决策如何偏离传统经济学理性原则模型。由于条件的不确定性，人无法完全掌握当前环境的信息，所以就会根据一些主观判断来作出选择，往往带有系统性偏差。这里的偏差通常符合小数原则和可用原则。小数原则是指人总是有将小样本中某事件的概率推广到总体概率的倾向，可用原则是指人有将较高权重分配给凸显度高的信息的倾向。这种主观意识在行为上往往会表现出“胜者全拿”的效应，所以经济抉择通常会表现出“S”形的抉择曲线。

关于抉择的神经生理学研究，虽然现代神经生物学对于抉择的研究已有几十年，但对于抉择的脑机制的认识仍然很少。目前所知道的仅是哪些脑结构在抉择中起重要作用，更确切地说，是哪个脑结构的哪种活动与抉择的哪个子过程相关。从神经生物学的角度来说，每个抉择过程都包含下面三个子过程：①获取环境信息并产生可作为参考的方案（选择项）；②预估这些方案可能带来的收益或损失的值，或比较这些方案可能的收益或者损失的差值，找到最优解；③按照最优解的选择，做出相应的行为，实现之。完成这样的一个过程，至少需要三个功能：外界信息感知和计算；收益/损失（奖励/惩罚）的评估；计划执行（按照决定的方案，做出相应的动作）。当然，每个功能还可更加细化成子功能，但这已接近于人们通常对大脑功能的划分，即感知系统、价值评估系统和运动系统。

认知神经生物学家研究抉择的目的，就是要搞清楚理性和欲望等智力的组成要素是怎样产生、作用并最终导致抉择的行动的。把抉择的过程细分之后，每个子过程都可用单一的功能来描述，或者由某一类神经元就可完成，从而可用电生理方法记录其工作方式，使得对抉择这种复杂行为的研究变得可操作。

尽管通过简化的视觉感知和运动控制的范式发现了视觉感知皮层、躯体感觉皮层和运动皮层在抉择时的反应，但这并非经济学家所关心的脑关于抉择的功能，他们更关心的是经济抉择行为中对效用与价值的计算过程在脑中是如何体现的，而这一问题，直到最近两年才有相关的生理实验报道。哈佛医学院的阿萨德研究组发现，眶额叶皮层（OFC）存在一类神经元，在复杂的经济抉择中，编码了经济价值的信息。这类神经元所发放的动作电位频率的变化与视觉刺激出现的位置、形式和个体的偏好无关，而仅反映了视觉刺激所代表的奖励的多少。

关于非哺乳类的抉择行为研究，尽管大多数人认为低等动物的认知能力非常不堪，但很多时候低等动物在行为中表现出的精细程度会令我们吃惊。诚然，人以外的动物的脑结构复杂程度远逊于我们，但是，能在亿万年的进化选择中生存下来，都应是自然界这个残酷的竞技场上的实力选手，其简单的脑中也蕴涵着完整的理性因素。

前面所谈到的大多是对个体抉择行为的描述，事实上还有一类社会抉择或者称为群体抉择的行为也相当重要。社会抉择是抉择的重要方面，它涉及的问题对社会经济运行、国家政策制定、国际关系的稳定等方面具有极好的借鉴作用。社会抉择是抉择问题的一个分支，关心的是在群体中的个体存在差异的情况下个体抉择的相互作用，或者群体的抉择表现受到个体的影响的大小。群体抉择的研究相对于个体抉择而言，对经济学和社会学方面的影响更为巨大而直接，但其神经生物学基础和机制一直以来都缺乏系统研究，直到近一两年才开始备受重视。群体抉择同个体抉择问题一致之处是行为表现都依据效用和价值的计算，但是在人类中进行的行为学实验发现，很多时候群体中个体的行为学表现并不完全符合简单的效用最大化原则。有报道指出，在群体中具有道德优势的个体往往会影响其他成员的抉择结果，使之偏离个体效用最大原则。更多的种群内优势的表现也同样可能影响到群体抉择的取向。所以研究种内差异在社会性抉择中的调节作用，其影响社会性抉择的通用方式和其生物学基础可能对社会性抉择的理论有重要的更新和推进作用。社会性抉择的问题长期以来一直被经济学领域关注，从中引申出博弈理论。有研究表明，除了人类外，其他动物（如禽类）中同样存在群体抉择的现象，并且遵循同样的规律。在从生物学角度思考上述问题时，人类对于社会抉择的理解可能会大大拓宽。

重要支持方向：

1）个体学习和社会学习的脑机制；

2）个体抉择和社会抉择行为的脑机制；

3）价值概念在脑内的表征；

4）意识的神经生物学基础；

5）儿童认知能力发展的脑机制；

6）儿童教育实践的脑科学评估；

7）自我意识的心理和神经机制；

8）理解他人意图和情感的心理和神经机制；

9）自我与他人神经表征的差异；

10）合作、竞争与利他行为的心理和神经机制；

11）不同社会群体成员相互理解意图和情感的心理和神经机制的差异；

12）文化社会环境对社会认知心理和神经机制的调节与神经系统发育的相互作用；

13）文化社会环境与基因的相互作用对社会认知和行为的影响；

14）发育异常导致的社会认知功能障碍及其心理和神经基础；

15）社会认知功能与异常社会行为的关系；

16）人类社会行为决策的心理和神经机制；

17）情绪对社会决策及其相关认知过程的影响；

18）特殊人群的决策行为特点及其神经机制；

19）儿童早期经验对其社会认知和行为发展的影响及其相关神经可塑性基础；

20）儿童社会认知发展与其他认知功能发展的关系；

21）文化社会环境对儿童社会认知发展及其相关神经基础的影响。

五、生物神经元网络的动力学及信息加工

神经系统是极其庞大和复杂的。在人的大脑中，神经元的数目高达10^{11}～10^{12}个，它们之间通过神经突触的连接，数目则达到10^{15}个。神经元相互的连接拓扑结构也是极其复杂的，不但有密集的局部性连接，也有不同区域间的较为稀疏的长距离的连接，形成了许多复杂的前馈、（正负）反馈通道与环路等各种连接方式。而且不同皮层（或脑区）之间也有不同尺度的通道与环路。此外，通过遗传、发育及学习，这些神经元及神经环路又非常协调地工作在一起，产生了脑的各种神奇微妙的功能。计算神经科学家多年来一直致力于了解复杂的神经网络具有什么样的行为学性质，以及这些性质如何影响了脑的功能。在20世纪的八九十年代，科学家们曾经将统计物理学中的平均场理论以及分析无序系统（如自旋玻璃）的各种算法用于这方面的研究。但后来的结果表明，这种方法是行不通的。由于过于简化的模型离生物事实太远，除了计算出网络的信息储量外，这种方法很难对生物现象作出进一步的描述和预测。

近年来，物理学家在研究一些新的复杂网络（如小世界网络和无标度网络）。脑成像实验以及一些解剖数据表明，神经网络似乎也具有这样的结构特性。因此，一些理论小组目前在探讨具有小世界或无标度结构的神经网络是否与脑的计算有关系。从神经解剖的结果来看，不同脑区的网络结构具有很大的相似性。因此，从理论上探讨一个大尺度的、满足生物属性约束的拓扑结构的神经网络动力学行为，是具有广泛意义的。从系统论的角度来看，神经系统如何精妙地协调如此大量神经元的活动，使之相互配合，从而成功地完成各种计算任务，是一件非常奇妙的事情。我们预期在未来10年内，这方面的理论探索会进一步地展开。

要建立比现有模型大百倍、千倍以上的复杂神经元网络模型，也就是一个含有上百万个神经元的大规模神经网络，尽管有最先进的计算机来模拟如此庞大的动力系统，但还是有相当的难度。第一，我们认为，应该发展快速的计算方法（fast algorithms）。有学者针对整合激发模型（integrate-and-fire）类的神经元网络系统，利用符合神经元网络动力的渐近展开，进而开发了比传统算法快百倍以上的算法。最近一个研究小组利用数据库手法储存了许多 Hodgkin-Huxley 神经元时间上一些常见的模板，以内存换取了更快的计算速度。上述算法都是串行运算的，而真实的神经元网络是作并行计算的（如视觉神经网络的高级图像识别）。因此，我们认为下一步工作是利用神经系统本身的并行机制来发展相关的模拟及算法。第二，我们最终要理解这些复杂、大规模神经网络的结构及功能，不是仅作数值模拟就可以实现的。系统神经学理论面临的一个主要挑战是如何用最简洁的方法去描述和模拟复杂的大规模神经网络，尤其是网络动力学上的特性。最近有研究开始利用动力学理论（kinetic theory）去建立简洁的网络替代法。

目前的研究是针对最简单的神经元模型（如 integrate-and-fire）来建立偏微分方程的系统，需要用更为真实的神经元模型（如 Hodgkin-Huxley 模型）进行处理，通过数学推导一个低维、易于进行数学分析的微分方程系统。现有的微分方程系统建立在忽略神经元之间的关联特性以及对单个神经元动力学泊松过程的假设上，因此，如何在数学公式中描述神经元之间的相关性是一个重要的挑战。

另一个重要的问题是，早期对神经信息处理机制的研究通常都假设神经信号沿着固定的路径在不同脑区或不同层神经元之间传递，传递的路径变化只在学习的情况下才发生。但最近越来越多的实验发现表明，神经信息传输的途径可以随计算的需要随时调整。例如，在清醒猴的快速眼动实验中，人们发现 LIP 区的神经元的感受野可以随眼位置的变化随时重新设置，从而实现了对物体在外部世界中真实的空间位置（不依赖眼动或躯体）的准确定位。在通信网络控制中，这种信号传输途径随任务改变的算法为动态路径选择（dynamical routing）。从信息处理的角度来看，动态路径选择有很多优点：①更有效地利用网络资源；②能提供很多固定路径所不易支持的信息处理算法，如选择性注意、运动感知的去噪声问题以及物体不变性的识别。在神经系统中，动态神经元群体活动编码，不仅在于优化处理方式，同时也在于优化资源配置。在视觉系统中，视网膜神经节细胞也是通过这种动态的群体活动来编码瞬息万变的外界视觉环境信息，将环境视觉刺激信号送至视觉中枢进行进一步处理。Olshausen 等最先在计算神经科学领域提出了神经信息动态传输的可能性。他们建立一个视神经信号在多层网络中传递的模型：外部输入信息从低层神经元向高层神经元传递；高层神经元则通过反馈机制调节低层神经元到高层神经元的连接通路，即感受野范围，从而实现对物体不变性（包括位置和大小的变化）的识别。Nrihawan 等最近提出用动态传输理论来解释视觉信号传递延迟的补偿机制。神经信号从视网膜传到初级视皮层（V1）需要 60～100 毫秒。在这样长的时间内，一个运动物体可以在空间中移动很长的距离。如果没有一个机制来补偿这个延迟，那么我们所看到的物体将大大落后于它在空间的真实位置，这显然是违背我们日常生活经验的。因此视觉计算必然有一个补偿机制。一个可能的方法是神经系统利用物体的运动信息预测物体的将来位置来抵消传递的延迟。这种机理得到了经典的心理物理实验——现象闪光滞后的支持。在实验中，一个闪光物体（没有运动信息）和一个运动物体发生在空间的同一位置，但被试者却看到运动物体的空间位置领先于闪光物体。那么，视觉系统是怎样提取物体的运动信息并将它转化成合适的空间距离来补偿神经信号的传递延迟呢？动态路径选择能合理且有效地解决这个问题，那就是神经系统在视网膜层就提取物体的运动速度，并根据速度的大小优化选择向上传输信号的途径，使得信号所到达视皮层的位置领先当前物体的位置。如果这个领先的距离等于在神经信号传递过程中物体移动的空间位置，那么传递的延迟就被补偿了。发现视网膜上的星形无长突细胞正好能实现这种调制。动态路径选择也广泛存在于神经系统发育的早期，尽管这时路径的选择更多地由遗传信息来控制。实验科学家研究了在动物发育早期，神经元的迁移以及细胞突触如何生长到正确的位置。要彻底弄清楚这些问题，计算的工具是必需的。总之，神经信号的动态传输是神经信息处理遵循的一般性原则，这方面的理论研究才刚刚起步。而在通信网络控制方面，如电信和计算机网络，动态路径的优化选择已经被广泛研究。人们探讨了在交通阻塞或总路径有限的情况下如何有效地传递信息，工程技术在这方面发展的各种算法可以被计算神经科学家借鉴。

由于神经元的数目庞大，如何把它们有效合理地连接起来，而不让电信号相互干扰，也许是我们所知道的最浩大的建筑设计工程。神经网络的布线要考虑到空间几何的约束，即大脑皮层几乎是二维的；要考虑到可用资源的限制，如突触的总长度要尽量小；要考虑到能量供应和代谢产物运出的便利，如留出空间给血管和神经胶质细胞；要考虑到散热，在高速计算的同时维持低温；要考虑到各个脑区及不同神经元群之间的协调。生物体通过上亿万年的进化已经找到了这样的优化设计法则。了解这些原理有助于我们破译大脑的高级功能。目前，国际上在这方面的理论研究还很少。最近从优化设计的假设出发，研究了浦肯野细胞的树突构形，得到了很好的结果。

最近10年来，通过人的心理物理实验及动物的各种实验，科学家们开始了对一些高级认知行为的神经机制研究，如抉择、贝叶斯推理和注意。抉择，即生物体在面临两难情况下的选择行为，是生物体认知行为的关键。科学家们用清醒猴、果蝇以及别的模式动物研究了这一现象。中国科学院神经科学研究所的郭爱克组研究了果蝇的抉择行为，并发现蘑菇体和多巴胺对抉择行为有关键性的调制作用。国际上的几个理论小组也提出了一些神经环路模型，来初步解释神经元集群之间的相互作用如何可能产生抉择行为。贝叶斯推理指的是在有不确定性的情况下，系统如何利用先验的知识，有效地从数据中提取信息。贝叶斯推理是统计学最优化的信息处理方法。最新的有关人和猴子的行为实验表明，大脑在某些条件下能应用贝叶斯推理。要了解贝叶斯推理在神经系统中的实现机制，一个重要的问题是回答不确定性以及先验知识是如何在神经环路中表达的。现在国际上有几个理论小组在做这方面的尝试性研究。我们相信随着实验数据的积累及理论方法水平的提高，有可能在未来10年内实现对部分脑的高级认知功能机理的解答。

视觉注意是人类大脑视觉感知与认知有别于机器视觉的重要特征之一。由于人脑计算资源的局限性，我们在接受信息的过程中，展现出来一种顺序的动态特性。具体来说，我们可能同时从呈现的几个物体或者是思维序列中，每次选择一个对象进行计算分析。在这个过程中，意识的集中是注意机制的核心。感知和意识的一个差别，可以通过注意机制体现出来。在自然环境中，我们通常要面对多个物体，这些物体相互之间竞争我们的注意资源，最终导致注意力串行地运行。在这个过程中，注意力的转移是非常值得研究的一个问题。人在注意力集中的时候，对选定的视觉特征会有增强的现象。同时，转移注意力意味着这种特征趋向性也发生了变化。在视觉计算领域，注意机制最著名的模型是Koch和Ullman于1985年首先提出的。后来，该模型在Itti和Koch的工作中得以完善，形成了一整套关于显著度视觉选择性注意计算模型。这个模型在计算层面的目标，是试图检测某个空间位置与其余位置在特征构成上的差异从而引入显著度的概念。最近，神经科学领域也发现了一些现象来支持Itti和Koch的计算模型。而且，作为注意计算机制领域相关文章被引用次数最多的分支，模型在计算机视觉领域也有大量成功应用的例子。例如，Dirk Walther将物体识别与该模型融合在一起，并基于显著度的计算模型，开发了深海探测机器人的自主反应模型。

从计算角度来看，神经网络的计算结果受到三个主要因素的影响和制约，即网络的硬件（结构）、网络的软件（算法）和网络的输入（外部环境）。早期的理论通常只考虑在给定输入的情况下，网络结构如何决定了它的功能。但近十多年来，人们意识到神经网络的结构也是受其功能和外部输入调节的，也就是说，神经系统在本质上要优化地处理自然环境信息，这是千百万年来生物进化的结果。而自然环境有不同于非自然条件下刺激的特有的统计规律，这种统计规律也参与决定了神经网络的优化方式。现在，自然刺激（如自然环境下拍摄的景物、电影或记录的声音）已经被广泛用于视觉和听觉研究的实验中，代替了传统的简单的人为设计的刺激。一些理论研究也将自然刺激作为输入，探讨自然刺激的统计规律如何影响神经系统的信息处理算法。在视觉系统的研究中，这种方法已经成功地解释了初级视皮层中的简单和复杂细胞的感受野性质。现在，有关自然环境如何通过进化的方式修饰神经计算的理论研究才刚刚开始，我们预计，在未来10年里，这依然是一个热点问题。

就视觉而言，自然场景包含丰富的物体形状、边缘和纹理的特性。人类具有非凡的物体识别、场景分类与感知能力。这些对人类来说看似非常轻松的认知过程，对计算机来说却是异常困难的事情。至今人们也没能设计出与人类视觉能力相匹敌的计算机系统。这些看似简单的认知过程实质上蕴涵着极为庞大、精致的计算结构，蕴涵着新型的计算机理。迄今为止，人们对这个对大脑来说看似非常轻松的认知过程所知甚少。研究大脑皮层对视觉场景的神经表象及基于该结构的感知计算理论，对认识视觉功能的神经机制具有十分重要的意义，对建立新型计算机视觉系统具有重要的应用价值。近年来，国际上自然场景的神经表象及感知计算模型领域有许多研究成果。为了能够表示所有的外界输入模式，处理视觉信息的神经感知系统所需要的神经元数量是难以估量、非常庞大的。为了解决这个问题，Attneave和Barlow提出了有效编码假说，并逐渐得到了理论和实验的证明。Barlow从香农的信息论出发，认为在神经计算过程中，一个重要的约束就是信息编码的有效性。神经元应尽可能简洁地编码，从而最大效率地利用有限的视觉神经资源，即采用有效编码策略对输入图像进行编码。

自然环境中的图像含有很大的冗余，因此，很多学者通过分析自然图像的统计特性，对有效编码问题进行了有益的探索。

Field和Daugman证明自然图像的高阶统计特性满足非高斯分布，即大部分神经元对外界信号的响应很弱，只有少部分神经元对外界信号有较强的响应，这种性质被称为稀疏性。根据稀疏性进行自然图像的有效编码，称为稀疏编码。每幅图像都可能被看成是多个基函数的线性组合，这些基函数可以经过多幅度图像的训练被估计出来。对于不同的图像，虽然它们的系数不同，但是它们都满足稀疏分布。采用独立成分分析的方法也取得了相似的结果。利用视觉系统的整体感知，可由局部感知生成的现象对图像进行非负分解，较好地符合了神经信息处理的一些特征，如神经元的发放率不可能为负，接收的外界刺激是通过ON/OFF通道等。

在感知计算模型方面，人们从计算角度提出一种模型对大脑视觉感知机理进行仿真。Hyvarinen和Hoyer提出一个两层模型对简单细胞和复杂细胞进行建模，得到神经元感受野的自组织空间拓扑结构。Grimes和Rao提出了双线性稀疏编码生成模型，研究刺激图像中的内容及位置信息处理。Bednar等应用HLISSOM模型学习新生儿视觉皮层中神经元的人脸选择性，更好地帮助理解人脸感知的发育，有助于解释环境与基因如何共同作用形成复杂的人脑感知自适应系统。Rolls等提出一个VisNet模型对V1、V2、MT、MST等通路进行建模，可以识别出平面内旋转不变性。Grossberg等提出一个模型aFILM解释视觉通路如何自适应处理光照和空间对比度，以及如何处理表面填充等视觉机制。另一个模型LIGHTSHAFT运用单眼纹理信息形成3D表面光照感知，模型解释了V1区、V2区和V4区如何由2D图像转换为3D形状。Poggio等认为简单细胞到复杂细胞的这种相位不变性是通过非线性函数MAX来实现的，从而提出了HMAX模型，该模型是仿脑的物体识别模型。后来Serre对该模型进行了改进和实现，并在一些物体识别的数据集上取得了较好的识别效果。

虽然当前国际上对视觉神经表象和感知计算模型的研究已经取得了不少进展，但是距解决自然场景中的神经表象和感知问题尚存在距离，主要表现是：自然场景/图像包含千变万化的形状和纹理特性，而当前的神经表象计算模型主要集中研究单一统计特性的图像表征问题；稀疏表象提供初始皮层（V1）神经表象的计算机理，但是对高级视觉皮层的神经表象缺乏具有可操作的计算机理；当前计算机视觉领域的感知计算模型从总体上来说没有脱离 Marr 的计算机视觉理论。Marr 的特征分析理论认为，视知觉过程是由局部性质到整体性质进行的，首先感知到的是局部几何特征。大量认知实验提示视知觉过程是由大范围整体性质到局部性质进行的，首先感知到的是大范围拓扑特征。在感知计算模型方面缺乏皮层型神经网络的整体特征分析模型。

大脑由巨量的神经元和突触构成，而神经元和突触本身也是高度复杂、高度多样和高度完备的电-化学装置。大脑作为多层次复杂系统，对应着多种多样且不同层次的功能。目前脑功能研究正在不同层面上开展，如分子、突触和神经元层次、脑区、系统及全脑等层面上。除此之外，还需要将脑作为一个整体进行多层次整合研究，才能更全面地阐明人类大脑的功能。脑功能研究中发生的神经计算问题可分为三个层次，即微观、介观和宏观，解决不同层次脑功能研究中的神经计算问题，与将脑作为一个整体进行多层次整合研究相适应。脑功能研究涉及多种技术手段，如影像学和神经电生理学。下面从微观、介观和宏观三个层次叙述脑功能研究中以神经活动为分析对象的神经计算问题、研究概况和可能存在的问题。

在神经元放电过程中，其信息普遍被认为蕴藏在峰峰间隔序列中。过去认为神经元放电脉冲间隔（ISI）的变化模式符合随机 Poisson 过程，其任一部分是相互独立的，ISI 的变异被认为是噪声。但是已有证据显示 ISI 符合指数或类似于 gamma 分布，这类分布被认为具有长时程相关性，即分形特征。LRTC 的存在证明了神经元放电模式是具有记忆或历史的，即距离相对较远的两个放电之间存在着某种关联。已经发现，在人类海马-杏仁核部位，神经元自发放电存在 LRTC。也有报道称脊髓交感运动前区神经元和节前交感神经元能够分别产生 LRTC 放电模式。有数据显示神经节前的颈交感神经元放电的分形特征。实验数据分析进一步显示大鼠海马锥体神经元放电的 ISI 具有分形特征，并进一步揭示了神经元电活动具有记忆功能且随系统状态的改变而变化。除此之外，还有科学家指出，通过某种化学刺激，有可能将永久的多元记忆（神经元集群的放电模式）植入神经网络之中。

神经放电的同步性在神经系统的信息处理中扮演了重要角色。为了研究个体在特定功能状态下、在接受某一刺激时不同脑区神经元放电在时空上的联系，需要对不同核团神经元群的同步放电活动进行分析，充分提取神经网络之间耦合强度和方向的信息。然而传统方法，如交叉谱、相关性分析或 MI 等，只能描述相关性，无法提供神经信息流方向或驱动关系的信息，而神经信息流方向的判定将能够更全面、更精确地反映神经系统活动的状态，更有效地帮助神经生物学家探讨问题潜在的生理机制，因此，相应的研究在不断地深入和发展。

近年来，对于神经信息流方向的精确判断，解决方法大致采用以下三类经典思路。第一，基于概率统计理论定义条件概率，进而引出相应的表征信息传递关系的熵。应用较为广泛的是 Thomas Schreiber 在 2000 年提出的转移熵（transfer entroy），之后被不断地改进为基于小波的转移熵和符号转移熵等若干方法。在此思路的基础上，学者们通过定义不同的条件概率得到不同而又类似的条件熵，以适用于各个领域内不同性质的数据，如基于最近邻思想而建立的熵算法和基于最小平方误差的贝叶斯估计而提出的耦合方向指数计算方法等，后者也适用于多元数据。第二，Granger causality 的拓展与广泛应用。Granger 在 1969 年提出 Granger causality ，并因此获得了 2003 年诺贝尔经济学奖。由于 Granger causality 在算法上具有某些局限性，学者们对其进行了很多改进：非线性径向基函数 Granger causality 模型克服了其线性性质，并被应用到自主神经系统的调控关系中；长时程因果关系克服了 Granger causality 只具有短时预测性的特性和基于分块矩阵技术的条件 Granger causality，并被应用到神经元场电位的多元数据处理中 。此外，Granger causality 还被应用到 fMRI 数据中具有有效连接的神经元集间的影响关系，以及帕金森病患者丘脑核团和肌肉神经的相互影响研究上等。第三，基于信息论，提出应用相位信息得到信息传递关系的方法。由于神经系统中相互影响的系统往往是弱耦合的非线性振子，有学者提出一种通过重构相位动力学系统估计耦合方向的实验模态分析（EMA），并应用于婴儿心肺数据，得到心率与呼吸之间耦合方向随年龄的变化情况。还有学者提出了其改进方法、基于相位空间的方法以及基于信息论的相位同步指数分析方法。实验证实了心肺的相互作用既同步又具有调制，而且无论是呼吸自发还是引导，呼吸系统都是驱动系统。有学者揭示了收缩压和心率的调节关系，并且该方法被应用于癫痫患者相互作用的两导脑电的分析；以及在包含两个完全分开的耦合振子的白鲟电感受器中，从上皮感受器到传入神经元细胞的信息传导分析。还有学者应用脑电数据的独立成分分析（ICA）和部分有向相干性分析（partial directed coherence，PDC）相结合的方法，估计了正常人和脊髓损伤患者在执行简单运动时产生运动意念的分布式皮层系统中的信息流问题。在多元情形中，有学者提出了估计一个弱耦合动力系统网络中的联通性和信息流方向的方法。

神经系统的活动性还可以通过 EEG 得到反映。一般认为，EEG 代表着大脑皮质某一区域神经元群脉冲性同步电位差，其节律性电活动发生于大脑皮层大锥体细胞，经过突触后传送。至于神经元群的放电经过如何调节产生节律性而不是杂乱的电活动，神经生理学家有不同的见解。实验表明，EEG 活动来自大脑皮层，它的每个区域几乎都参与了震荡电活动，而且不同脑区的节律各有其特点。它反映了丘脑与大脑皮层神经元之间的反馈环路活动。EEG 分析技术对脑-机接口技术研究等意义重大。

脑电活动提供了大脑内部电活动的重要信息，帮助我们了解脑和认识脑。因此，在脑功能研究中，EEG 的非线性分析具有重要意义并得到了广泛的应用。虽然研究已证实 EEG 的混沌特征，但否定了它是低维的混沌系统。对于一个高维的混沌系统难以直接应用混沌方法进行非线性分析的主要原因之一，是目前广泛应用于生命科学领域的混沌算法仅适用于低维系统，在处理高维系统时会出现许多问题。例如，被称为“维数灾难”的现象，即在对时序所对应的动力学系统估算混沌维数时，随着维数的增加，所要求的数据量增大，目前的计算条件难以满足；此外，低维的混沌理论和方法对于高维系统将失去稳定性。为了使只适合于低维系统的混沌理论及其相关的计算算法能应用于像EEG这样的高维系统中，解决的思路之一是通过降低维数来简化原来的高维系统，并且使简化后的模型仍保留研究目的所关心的原高维系统的动态特征。虽然这方面的研究目前尚处于探索阶段，但仍可见到一些相关的报道，如基于Whitney嵌入维理论的降维方法、在高维的EEG混沌系统中发现确定性因子的方法等。结合ICA方法，转移熵被应用到EEG信号各分量之间依赖关系的检测上。科学家首次将Granger causality（格兰杰因果检验）拓展到多元数据的应用上，并分析了脑电多导间的信息流向关系，克服了只能用于双变量数据的算法带来的错误结果。有学者提出了多变量时间序列分析技术并应用于癫痫患者的EEG数据，旨在探索非稳定系统的相位同步簇。还有学者使用平均场网络模型描述了从基态到暂态的有节律的癫痫样活动，解释这种癫痫样活动是以空间一致的自持续耦合振子的形式升高的。有学者使用随机游走模型和概率密度函数证明了EEG信号在应用去趋势过程后具有尺度不变性。还有学者整合EEG等实验数据应用于严密的数学模型，指出高阶相关性既是时间编码模式的必要条件，也是头皮脑电动力学系统的中心特性。

重要支持方向：

1）神经网络之间耦合强度和方向；

2）不同层面神经放电序列的分形特征与长时程记忆的关系；

3）神经系统同步电活动的分析；

4）神经元或神经集群之间的各种复杂的非线性关系特性；

5）适用于神经系统短数据的非线性算法；

6）发展有效的计算方法，模拟大规模的神经网络的动力学行为；

7）信息在神经元网络中的动态传输过程；

8）抉择的神经网络模型；

9）视觉注意的计算机理；

10）具有主动视觉的视觉感知计算理论；

11）选择性注意与视觉交互的关系；

12）利用计算建模方法，研究自然视觉场景/图像的神经表象的计算结构、神经表象计算机理和实现算法；

13）多模态神经计算机理与计算模型；

14）概念的形成与获取算法；

15）感知与生物特征的信息处理；

16）开发新的神经网络动力学和非线性神经网络模型；

17）复杂的生物神经元网络的动力学行为及与脑功能的关系；

18）复杂的生物神经元网络的记忆模型，以及经验如何通过网路结构的可塑性实现学习的功能；

19）大尺度复杂性神经元网络模型的构造和仿真；

20）简单模式动物全神经元系统的模型研究；

21）抉择、注意等高级认知功能的网络实现，如信息动态传输和多模态信息整；

22）分析复杂的生物神经元网络的新数学工具。

六、脑连接和脑-机接口技术研究

根据神经影像的发展规律和研究特点，未来5～10年应重点关注以下发展方向：

1）神经影像的原创性的计算理论和方法。

2）传统成像模式的创新及其与新的成像模式的融合。

3）不同时空尺度上神经影像信息的融合。目前各种神经影像模式都有各自的特点，同时也具有局限性。即便是fMRI，虽然具有毫米级的空间尺度，但是它的时间分辨率却仅有几百毫秒，对研究认知动态过程所需要的毫秒级的时间尺度来说是不够的。高分辨率的脑电和脑磁成像虽然具有很高的时间分辨率，但是定位的空间分辨率，却只在厘米数量级。因此，目前还没有任何一项脑成像技术能同时达到脑认知成像需要的空间和时间分辨率。只有将各种脑成像技术结合起来，才有可能形成既具有高空间分辨率（毫米数量级）又具有高时间分辨率（毫秒数量级）的脑成像系统。

4）以脑与认知科学、疾病机理探索、新药创制等领域的重大需求为导向，重点关注神经影像在这些领域的重大应用。

未来5～10年我国神经影像学在均衡发展的基础上，应该优先发展脑认知成像及基于影像的脑机交互和脑连接组学等领域。脑机交互是神经科学和信息科学等多学科交叉渗透的一项前沿技术。利用这项技术，可以不依赖于人体外周神经和肌肉组织，通过提取脑活动信号，直接建立脑与外周环境之间的信息交流，或者进而实现脑对外界设备的控制操作。目前，利用脑机交互技术已经可以实时地控制机械手臂的空间三维运动，重建眼睛所看到的简单灰度图像以及实现简单的与外界环境的信息交互操作等。脑机交互技术最直接的应用可能是为很多残疾和患有神经系统疾病的患者，提供一种新的与外界进行交互的方式，从而改善他们的生活质量，减轻他们对社会和家庭其他成员的依赖。因此，脑机交互与神经反馈和康复工程有内在的联系。另外，脑机交互技术在军事和国家安全等领域也有着重要的应用前景。

人脑是自然界中最复杂、最高效的信息处理系统，探索人脑信息处理的过程是脑认知研究的核心内容。由于脑的高级功能不是由单个神经元或单一脑区孤立完成的，而是由许多脑区交互作用来实现的，因此，从网络的角度来研究人脑的结构和功能，揭示脑对神经信息的处理机制是非常必要的。启动和开展宏观和系统水平上的脑网络研究，也将有利于微观和宏观不同层次研究工作的衔接和整合，促进信息科学、神经科学和临床医学等不同学科的综合交叉，提升我国在脑科学领域的研究水平，对满足创新性国家建设和提高人民健康水平等国家需求有重大的战略意义。

脑连接组学研究必须基于非侵入式的、活体的观测方式。人脑连接的内容包括解剖结构连接（纤维连接）、功能连接（通过同步或相干实现的功能整合）及因果连接（连接网络中的信息流向分析）三个方面。dMRI、fMRI和EEG/MEG（脑磁图）是在宏观水平上研究这些连接的非常有前景的方法。采用静息态功能磁共振成像（R-fMRI），可以研究某一脑区（通常是大脑皮层）的BOLD信号的波动与其他脑区BOLD信号的波动的相关性。一些人认为，fMRI研究获得的数据呈现的是神经网络节点间的相互连接，然而，从fMRI数据本身无法获得网络中的任意两个节点是直接相连还是通过中介节点相连等信息。未来应重点研究如何利用R-fMRI建立脑区的非线性的功能连接及这些连接的生理意义，研究脑功能连接与解剖连接的相互关系、脑连接与认知活动的关联等。

EEG/MEG-fMRI是将脑电图或脑磁图和fMRI相结合的技术；一些实验室正致力于同时使用这些组合方式，另一些实验室则将这些方式串联使用。将脑电图或脑磁图数据和fMRI数据结合使用，理论上讲可以发挥每种方式的优势，弥补劣势。在脑连接问题上，由于fMRI信息是神经活动对应的代谢信息，其中的信息转换存在延时问题，且大脑中不同的神经功能区该延时不尽相同，从而可能导致基于fMRI的因果网络分析得出错误的结论，因此，脑网络研究，尤其是因果网络研究，需要建立在电生理与fMRI融合的信息基础之上。今后的工作重点应该放在时空信息融合的理论与方法研究，以及所得到的因果网络与结构网络的关系研究等问题上。在以上研究的基础上，研究不同人群（不同年龄、不同种属、不同疾病状态）和不同种群（人、猕猴、鼠）脑连接模式的异同、脑连接模式的生理和病理意义。

人工智能是研究人类智能活动的规律、研究如何让计算机去完成以往需要人的智力才能胜任的工作、构造具有一定智能的人工系统的技术科学，即研究、开发用于模拟、延伸和扩展人的智能的理论、方法、技术及应用系统的技术科学。人工智能是研究利用计算机模拟人的思维过程和智能行为（如学习、推理、思考、规划等）的学科，主要包括计算机实现智能的原理、制造类似于人脑的智能计算机，使计算机能实现更高层次的应用。人工智能涉及计算机科学、神经科学、信息科学等学科。自从人工智能转向以知识为中心进行研究以来，以专家知识为基础开发的专家系统在许多领域里获得成功，充分表明知识是智能的基础，人工智能的研究是以知识为中心来进行的。由于知识的表示、利用、获取等的研究都取得较大的进展，因而，人工智能的研究解决了许多理论和技术上的问题。

人、计算机及环境的和谐交互（以人为中心的交互）是人工智能进一步发展的必然趋势。智能信息处理日益成为人工智能发展的新瓶颈，而目前信息技术的瓶颈已不在于信息的获取和传输，而在于智能信息的表征、提取、理解和利用。研究让机器具有智能的两个核心问题是如何让机器具有像人一样不断学习的能力和如何让机器具有能与人进行自然交互的能力。人们试图借鉴生物系统，如人类自身的神经系统，研究和开发学习模型与算法。大脑的功能是在感觉器官、神经系统和效应器官功能发展的基础上发展起来的，因此，人工智能理论基础离不开对人类感知与认知过程的理解。

神经科学积累了大量生物大脑处理智能信息的神经编码、计算结构、学习机理等实验结果，为智能信息处理建模、学习与人-机交互提供了有力的实验证据。在学习机理方面，神经科学实验提供了 Hebbian 学习律和精确定时学习律，为人工智能提供丰富的学习机理。在神经信息表现方面，神经科学实验提供了大量的实验结果，并表明神经系统利用稀疏编码和群体编码在皮层网络中表征神经信息。在计算结构方面，神经科学实验提供了视觉感受野、递阶层次结构的神经计算结构，为人工智能提供新型的仿脑计算结构。我们有理由相信，神经科学可以在多模态信息处理、概念计算、自然场景理解等领域不断提供新的神经系统处理的实验证据，为人工智能领域理论与技术的突破提供原创性的思想。

神经计算理论的研究除了帮助我们理解脑的功能外，还有一个重要的目的是发展人工智能的算法。近年来神经生理学和脑科学的研究成果表明，脑的感知部分，包括视觉、听觉、运动等脑皮层区，不仅具有输入/输出通道的功能，而且具有直接参与思维的功能。智能不仅是运用知识，通过推理解决问题，智能也处于感知通道。我们预计在未来10年内，随着计算神经科学的发展，人工智能算法的研究也有可能产生重大的突破。人工智能的许多研究方向都与计算神经科学的理论和方法密切相关，如人工神经网络、机器学习、模式识别、机器人科学等。以下简述与计算神经科学相关的人工智能研究方向的现状和已有成果。

人工神经网络是一门交叉学科，始于20世纪40年代，是神经计算应用于人类智能研究的一种模拟人脑神经结构和某些工作机制的计算模型。人工神经网络在研究人脑奥秘的过程中得到启发，试图用大量的处理单元（人工神经元、处理元件、电子元件等）模仿人脑神经系统工程结构和工作机理。在人工神经网络中，信息的处理是由神经元之间的相互作用来实现的，知识与信息的存储表现为网络元件相互连接间分布的物理联系，网络的学习和识别取决于与神经元连接权值的动态演化过程。多年来，人工神经网络的研究取得了较大的进展，成为具有一种独特风格的信息处理学科，成为神经科学、认知科学、心理学、计算机科学、数学、物理学等共同关注的焦点。近年来，开发反应生物特性的新型神经网络模型也愈加受到关注。例如，模拟神经元的发放时间进行信息编码的第三代神经网络模型的代表spiking神经网络，由动态突触模型改进得到的spiking神经网络应用于非线性可分离的数据学习中，较传统模型具有优势。

从近年的发展来看，神经网络的研究有两个大的趋势。一方面，神经网络在理论上向更复杂的神经网络系统方向发展。表现在神经网络与模糊、进化算法的结合，神经网络与认知科学的结合，神经网络与生物医学的结合，以及各种混合神经网络的出现。其中，不同的算法与神经网络相结合，从而诞生了一系列新的神经网络，如模糊神经网络、进化神经网络、小波神经网络和细胞神经网络等，这些方法都处于蓬勃发展之中。神经网络方法与一些复杂问题结合，推动了各种混合网络和复杂网络的研究，如将人工神经网络与地理信息系统集成构建一个自动化的评估体系。另一方面，人工神经网络的硬件化也在加速发展。用软件模拟实现人工神经网络的方法，不能体现神经网络广泛并行处理信息的基本特性，在处理速度上远远不能满足研究和使用的要求，特别是实时应用的要求。而用硬件手段，借助于微电子、光或光电技术，用硬件直接实现神经网络，才能真正体现神经网络的并行信息处理能力，对人工神经网络的研究和发展及实际应用都具有十分重要的意义。近年来，人工神经网络的硬件化在向着复杂化和硬件化的方向发展。

随着神经网络的应用范围不断扩展，神经网络应用技术研究不断深入，它与多种学科相交叉，解决了很多传统科学解决不了的难题，对人类认识世界、开拓未知领域、提高现代科学技术研究水平进而以科技带动生产力，对国民经济的增长都起到了促进作用，是世界上公认的尖端前沿的技术研究领域之一。目前，神经网络已经广泛应用于自动控制领域、处理组合优化问题、模式识别、图像处理、传感器信号处理、机械人控制、信号处理、卫生保健、医疗、商业预测、化工领域、焊接领域，以及数据挖掘、电力系统、交通、军事、矿业、农业和气象等方面。当然，目前的研究还与真正的人脑实现的复杂功能具有较大的差距。要建立起一套完整的理论和技术系统，需要作出更多努力。然而人工神经网络已经成为人工智能中极其重要的一个研究领域。

机器学习是人工智能的另外一个重要领域，它是继专家系统之后人工智能应用的又一个重要的研究领域，也是人工智能和神经计算的核心研究课题之一。人工智能理论研究表明，可以将人看成一个智能信息处理系统，并且人的认知活动具有不同层次，它可以与计算机的层次相比较。认知活动的最高层次是思维策略，中间一层是初级信息处理，而最底层是生理过程，即中枢神经系统、神经元和大脑的活动。与此相对应的是计算机的程序、计算机语言和硬件。研究认知过程的主要任务是探求高层思维决策与初级信息处理的关系，应用计算机程序模拟人的思维策略水平，用计算机语言模拟人的初级信息处理过程。计算机也以类似的原理进行工作。在规定时间内，计算机存储的记忆相当于机体的状态，计算机的输入相当于机体施加的某种刺激。在得到输入后，计算机便进行操作，使其内部状态发生变化，由此产生了机器学习理论。机器学习的研究是在信息科学、脑科学、神经心理学、逻辑学、模糊数学等多种学科基础上形成的，依赖于这些学科而发展。近年来，国内有关机器学习的泛化能力的研究发展较快。机器学习所关注的一个根本问题是如何提高学习系统的泛化能力，或者说是机器在数据中发现的模式怎样才能具有良好的推广能力。由于利用多个学习器可以获得比单一学习器更好的性能，有学者提出了选择性集成理论，证明了从一组学习器中选择部分学习器比用所有学习器构建集成学习系统更优越，并设计出有效的选择性集成算法。将集成学习用做预处理，又提出了二次学习的思想，并设计出新型决策树学习算法。机器学习是一个活跃且充满生命力的研究领域，同时也是一个困难和争议较多的研究领域。从目前研究趋势看，机器学习今后主要的研究方向如下：

1）人类学习机制的研究；

2）发展和完善现有学习方法，同时开展新的学习方法的研究；

3）建立实用的学习系统，特别是开展多种学习方法协同工作的集成化系统的研究；

4）机器学习有关理论及应用的研究。

机器人是一种能模拟人的行为的机械，第3代智能机器人具有类似于人的智能，它装备了高灵敏度的传感器，因而具有超过一般人的视觉、听觉、嗅觉、触觉能力，能对感知的信息进行分析，控制自己的行为，处理环境发生的变化，完成交给的各种复杂、困难的任务，而且有自我学习、归纳、总结、提高已掌握知识的能力。机器人是一个多自由度的结构复杂的系统，为了使机器人完成各种复杂的作业任务和适应各种工作要求与环境的变化，其控制系统的设计也将是十分复杂的。近年来，神经网络在机器人控制中得到了广泛的应用。神经网络的本质非线性特性为机器人的非线性控制带来了希望，神经网络可通过训练获得学习能力，能够实现那些用数学模型或规则描述难以处理或无法处理的控制过程。同时神经网络还具有很强的自适应能力和信息综合能力，因而能同时处理大量的不同类型的控制输入，解决输入信息之间的互补性和冗余性问题，实现信息融合处理。这就使神经网络特别适用于对如机器人这样的具有复杂的不确定性系统、大系统和多变量高度非线性系统的控制。

在人工智能应用与机器人研究的另一个方向上，我们看到，动物的脑是可以和电脑结合在一起、按人类的意志来控制动物行为的。研究者通过对大脑进行有效的刺激，达到控制动物行为的目的，利用动物的感受器作为动物与机器的信息等的交流界面，利用巴普洛夫的操作式条件反射理论完全可能达到控制的目的。因此，在 21 世纪有可能出现一种这样的产物，它是生物机体和电子电路结合的产物，我们可以称呼它为人工智能动物。目前，中国科学院昆明动物研究所灵长类认知神经生物学实验室正在进行这方面的探索，用动物（如猕猴、猫、狗）的立体听觉和计算机构成一个动物脑和电脑交互通信的控制系统，预计在不久的未来会有这类人工智能动物出现。

重要支持方向：

1）建立具有生理意义的脑图谱，建立脑图谱准确性的评价体系；

2）脑网络拓扑、功能属性以及动力学变化的分析方法；

3）可用于脑机交互的神经机制研究；

4）神经信息的提取和处理；

5）主动获取信息的计算模型与人机交互模型；

6）脑机交互技术对神经可塑性变化的适应性和鲁棒性；

7）脑机交互中的神经反馈机制与技术；

8）适应不同应用环境和目标的神经信息采集技术，包括侵入式和非侵入式系统的信号采集、图像重建以及传输；

9）适应不同个体的脑信号分析处理技术，包括脑区及脑网络的定位和选择、脑活动的特征描述以及数学建模分析等；

10）脑机交互与神经可塑性相互影响，脑-机接口信息提取与处理的自适应技术；

11）可得到脑机交互信号的相关神经机制的研究，探索脑机交互的新模式。

第六节　我国神经科学领域的国际合作与交流

开展国际合作是未来5年里神经科学发展的必要条件之一，也具有广泛的需求。国际合作和学术交流可以促进我国研究者对国际发展形势的理解，从而增强自己的国际竞争力。

一、国际合作与交流的必要性和可行性

在视听觉研究方面，鉴于国内视听觉研究的体量较小，在某些领域（如计算模型、电生理与脑成像技术的结合等方面）缺乏相应的科研队伍和科研基础，国际合作是必需的。在对感知觉研究的支持政策方面，希望能增加邀请国外高水平的学者来国内开展合作的基金支持，希望在项目范围内增加对派出研究生和国内研究者的资助。

目前国内在神经影像方面的研究与国际先进水平还有较大的差距，既是受设备平台的限制，同时也缺少创新的思路与成果。为了尽快提升我国在本领域的研究水平，加强国际合作与交流是十分必要的。具体的方式可以是“走出去”、“引进来”和设立合作研究课题。根据优势互补和互利互惠的基本准则，以“不求为我所有、但求为我所用”的思路，充分利用神经影像全球资源，在未来5～10年应优先开展以下领域的国际合作与交流：神经影像的计算理论与方法，脑连接组学，脑机交互，重大脑疾病早期诊断、预后判断和疗效评价的影像学生物标志。尽管我国的生物医学影像领域在过去的几十年间已经有了长足的发展，然而目前国内的科研在研究平台、技术和方法等多个方面还落后于世界领先水平。同时，生物医学影像领域尚有大量的挑战性科学问题需

要解决，且不可能在短时间内完成，而是一个需要长期探索的过程。因此，我们应广泛开展国际合作与交流，学习世界发达国家的相关研究经验、研究思路，并借助其先进的实验平台，推动我国相关领域研究的快速进步。

尽管近年来我国计算神经科学取得了可喜的进步，但相比于西方科技发达国家，还比较落后，这体现在如下几个方面：

1）该领域内的科学家人数还非常少，没有形成大规模的研究中心或学术团体；

2）该领域还缺乏国际级的领军人物，所发表的论文受到的关注还较少；

3）计算科学家和实验神经科学家之间紧密合作的程度有待提高；

4）国家对该领域的投入还需加强，目前还没有专门针对计算神经科学的重大的科研项目，公众对该领域的重要性的认识还远远不够。

最近10年来，西方发达国家成立了很多专注于发展计算神经科学的学术中心，然而到目前为止，国内还没有专门的致力于计算神经科学研究的学术中心。在计算神经科学领域有影响力的几个国际会议上，鲜有中国本土科学家的身影。计算神经科学的进步极大地依赖于实验科学的进展，我国实验神经科学过去相对于西方发达国家的落后状态也制约了我国计算神经科学的发展。为了尽快赶超国际先进水平，我国计算神经科学家应该广泛开展多种渠道的国际交流合作。我们应本着虚心学习、取长补短、互利互惠的原则走出去，同时把国外的专家请进来，以期尽快提高我们的学术水平，在国际上占据一席之地。

二、国际合作与交流的方式

我国科学家和国际同行的交流应该是多方面的，包括以下几个方面：

1）鼓励国内研究者与国外研究者建立实质性合作关系，包括申请各类各级别的国际合作课题，并鼓励国内科研管理机构或研究机构提供一定的配套资金；

2）派遣优秀的中青年科学家出国进修，同时邀请国际著名研究专家来华访问工作，建立实验室，接受来自国外的博士后；

3）与国际上相关领域发展较为成熟的大学、研究机构建立正式合作关系；

4）组织短期讨论班或暑假学校。在举办各种短期学习班时，我们可以邀请国际知名专家来讲学。这些专家传授的不仅是最新的研究进展，而且也包含了他们如何做科研的宝贵经验。

应该加强和国际组织的广泛合作，以期在领域内有一定的发言权。在具体合作方面，我们应遵循两个原则：一是取长补短；二是充分利用我国科学家自身的特点，通过开展学术活动，加强我国神经科学工作者之间以及与国外同行之间的学术交流，了解国内外神经科学研究的进展，促进我国的神经科学研究的发展。

为了提高国内基础科学研究和应用能力，我们需要进一步完善国际合作体系，明确国际合作工作的指导思想、战略目标和工作重点。充分发掘和利用国际科技资源，集成利用国内各种国际科技资源和渠道的机制，明确国际合作评价指标和经费比例，以政策和经费做杠杆调动各方的积极性。充分鼓励具有良好合作基础的国内外研究团队积极申请并承担我国和合作国的重大国际合作项目，增大对国际合作项目的资助强度，通过联合研究在人才培养、成果共享、技术支持、方法创新等方面做到互利、双赢。重视开辟国际科学合作渠道，创建学术交流平台，充分利用国家与各国政府和基金会的联系，推进有实质内容的国际合作，积极有序地组织实施联合资助项目，促进资助形式灵活多样化，有效地组织科学家与国外知名学者建立合作关系，为科学家提供各种接触机会，提供获取信息及宣传我国科研工作情况的机会，与国际知名实验室和相关领域的著名教授、学者建立学术联系，定期开展高水平的学术交流。鼓励争办、主办高水平国际主流学术会议和科技前沿领域专业研讨会，加强与国际科技组织的联系，引进国外的新技术、新方法和新设备，同时发挥我们的优势领域，通过交流，取长补短，推动科学研究发展。在优先资助方向上，通过共同申请国际合作项目，聘请高水平的研究人员来访、讲课和探讨，以及派遣国内的研究人员到相关研究单位进修等手段，提高国内研究人员的水平。进一步扩大人员交流，加强人才引进，充分利用不同渠道扩大不同层次的人员交流，积极向国外优秀研究机构派出有潜力的研究生、博士和青年研究人员，并促使其学成后回国发展。

在视听觉研究方面，广泛开展国际合作是未来5年里研究发展的必要条件之一，也具有广泛的需求。通过国际合作、学术交流和举办国际研讨会，促进研究者对视听觉研究思想和方法更深的理解，从而增加自身的国际竞争力。鉴于国内视听觉研究的体量较小，在某些领域（如计算模型、电生理与脑成像技术的结合等方面）缺乏相应的科研队伍和科研基础，国际合作是必需的。在痛觉研究方面，我国的疼痛研究相对来说涉及的领域较窄，应该鼓励在我国发展比较滞后的方向（如癌症痛）进行国际合作，鼓励疼痛尤其是慢性痛中枢机制研究方面的国际合作。我国临床疼痛医学研究处于起步阶段，需要加强。为了促进未来我国临床疼痛医学研究具有高水平的起点，应该鼓励临床疼痛医学研究的国际合作。加强疼痛动物模型方面的合作，加强转基因和基因敲除动物的开发和研制，为疼痛机制研究提供工具。

第七节　我国神经科学领域发展的保障措施

对于重大基础科学问题的研究，要给予足够的重视和较大强度持续性的支持，加强中青年人才培养及团队建设，同时重视科研基地及平台建设，开展国际交流与合作，这些是保证相关领域在5～10年产出有长期世界影响的研究成果的必要条件。

(一) 重视基础研究工作

在我国，虽然人们已经认识到基础研究在科技发展中的地位和重要作用，但在具体落实上，还未达到应有的程度，表现为对神经科学基础研究的投入与当前国际上科学发展的形势还很不相称。因此，要加强我国科学研究的自主创新，有必要在一些基础性和共性的研究领域，通过设立研究专项，面向有限目标集中力量，重点突破，解决长期困扰我们的技术瓶颈。同时，在研究中不能仅仅满足于“追尾”，更要在某些特定领域敢于“迎头”进行前沿性的探索。在经费支持上，一方面应保证自由探索研究的开展，建议国家提高国家自然科学基金面上项目等此类探索项目的资助率，另一方面也应保证能够满足不同团队开展合作研究的需求。通过基金项目进行科研导向，培育基础研究队伍，尽快提高基础科学研究的整体水平。

(二) 制定体现学科发展特点的科研立项政策与评审制度

科研管理部门应继续推进学术研究评价体系的科学化，可阶段性地组织相关领域的专家进行讨论交流，以便合理决策重要的基础研究方向，给予基础研究以政策性保障。在项目评审上，可以结合学科特点，尝试一些新的更科学的管理和考评方法。例如，根据申请书内容评估其完成情况，而不是泛泛评估；通过一定的评估程序，遴选出做得好的课题进行持续性资助，而不是让科学家重新申请新的项目；公布科学家已完成项目的科学思想与重要成果；对正在进行的项目进行同行评议，要进行实质性的评议，而不是太简略的象征性评议。

强化科技投入增长的保障机制，合理调整学科内财政科技经费比例；综合运用财政拨款、基金、贴息、担保等多种方式吸引社会资金向创新投入；吸引企业及风险投资的参与。在法律法规和有关监管规定许可的前提下，支持保险公司投资。完善财政科技投入管理机制，建立适应新形势的科技经费监督管理和绩效评估体系，提高财政科技经费的使用效率。制定体现学科发展特点的科研立项政策与评审制度，是加快学科发展、促进科研环境健康建立的重要保障。

（三）加强中青年国际科技人才队伍的培养，加强优秀团队建设

科学研究，人才是关键，稳定和培养高水平的中青年科技人才是实现神经科学可持续发展的关键。通过科研任务培养高水平研究人才是已被长期实践证明的行之有效的办法。在人才队伍保障方面，实行引进人才与培养人才并重、体制内人才与体制外人才并重，既提供灵活的措施和手段吸引海外优秀人才和外籍专家来华工作，同时也应重视国内科研队伍的成长和力量整合。可以采用将部分年轻有为的青年科学家送到海外工作和访问交流等国际合作方式，也可以通过青年科学基金、杰出青年科学基金等方式持续性地鼓励青年科学家在国内开展工作。只有这样，才能不断搭建、锻炼、整合自己的科研队伍，实现三个“相对稳定”，即研究方向相对稳定、团队人员相对稳定、经费来源相对稳定，从而建立一支以中青年科学家为主、年龄和知识结构合理、适应新世纪发展并充满活力和竞争力的知识创新队伍。人才队伍的建设需要一个科学的评价体系和筛选机制。评价体系应提供适当的压力和足够的动力，促进人才队伍尽快成长，多出成果，出好成果。同时，也要允许创新活动出现失败、发生错误；要避免追求短平快、只看重眼前而不注重深入研究和科学发展的管理行为。

（四）加强科研基地和平台建设

良好的科研环境是学科发展的基础保障。可强化对重点实验室、国家杰出青年科学基金、重大项目、重点项目中组织工程学

科的资助力度和广度，拓宽创新人才成长的渠道，优化创新人才成长的发展环境，充分调动他们的进取心和积极性。同时，大力扶持有一定科研基础和科研成果的单位，建设多学科交叉研究平台，完善国家重点实验室的学科布局，支持先进科研设备的购买和研发，支持相当数量的工程技术专家参与科学研究，提高国内科学研究的核心竞争力。还可尝试在优秀人才相对集中的地域跨单位组建优势互补的国家级研究基地，推动在条件成熟、特色明确的单位建立不同研究方向的部门重点实验室。

第三章

心理学

第一节 心理学的战略地位

心理学是研究人的意识本质的科学。自1879年德国莱比锡诞生第一个心理学实验室以来，经过130多年的发展，心理学已成为人类知识体系中不可或缺的重要组成部分，有自身明确的概念和独特的研究方法。国际心理科学联合会（IUPSYS）是国际科学理事会（ICSU）的29个联合会会员之一，每年在全球出版超过2300份的学术和专业期刊。在国际知名的大学中，几乎每所大学都建有高水平的心理系（学院）。欧洲一些国家建有众多的国立心理学研究机构。迄今为止，已有5位科学家因为从事与心理学有关的研究而获得诺贝尔奖。心理学的研究内容和技术手段已经覆盖了基因、分子、生理生化、脑功能、行为、计算机建模乃至数学建模的多个层次。

人类精神生活的本质是心理学研究的内容，而心理学也是唯一一门用自然科学的手段、方法和技术来研究人类精神世界的科学。人类心理活动的物质基础是大脑，而人类的大脑是世界上最复杂的系统，大脑的各个部分如何协同工作，实现各种复杂的认知功能并产生智力，是目前尚未解决的重大科学问题之一。在《科学》杂志于2005年提出的人类在21世纪必须解决的125个基本科学问题中，第二个就是关于意识的起源及其物质基础的问题。有关意识和智力的本质这样的重大前沿科学问题的研究也推动了其他学科与心理学的交叉和相关技术手段的发展。例如，由于人们迫切希望理解各种心理加工的神经基础，研究者逐渐把神经科学的各种技术和方法应用到心理学研究中；对心理活动的神经机制的研究在过去的10年里，也极大地推动了现代神经影像技术的发展；对各种心理问题和心理疾病的研究，则推动了分子和细胞生物学及医学遗传学在相关领域的不断发展。

科学的发展依赖于一个国家的经济发展水平。心理学受经济发展的影响尤为明显。随着物质生活条件的不断改善，人类越来越关注自己精神生活的质量，这是人类社会发展的共同特征。随着中国经济水平的提高，大部分中国人逐步摆脱了物质生活的贫穷。同时，伴随着经济的快速发展，各种心理问题也开始出现。因此，心理问题已经成为社会关注最多的话题之一，心理学研究成为社会和经济发展到现阶段必须关注的重要内容。

当前我国经济快速发展，社会节奏加快，社会竞争加剧，工作、学习压力增加，精神活动方式改变，这些使人们的心理负荷日益加重。不良生活方式、心理社会因素和环境因素已成为威胁我国人口健康的主要因素。由情绪障碍、认知障碍、吸毒、自杀(未遂)、青少年犯罪等心理疾患与行为问题所产生的医疗和社会成本，更对当前国家和经济、社会的和谐发展产生了消极影响。心理学关注的重要内容，不仅包括个体水平的心理健康问题（如神经精神疾病、心理疾患、情绪障碍等），也涉及群体水平的心理和行为规律。社会经济的飞速发展对人类的适应能力提出巨大挑战，社会群体的心理与行为规律（如盲目投资、从众、社会偏见、抢购等不理智行为）也是影响经济发展和社会稳定的重要因素。

我国政府对于心理学的发展已经给予了关注。早在1999年，科技部就将心理学列入我国优先发展的18个基础学科之一。2006年国务院公布的《国家中长期科学和技术发展规划纲要(2006—2020年)》，将脑与认知科学列为国家8个科学前沿问题之一，而心理学正是认知科学的主干学科。2006年党的十六届六中全会通过了《中共中央关于构建社会主义和谐社会若干重大问题的决定》，文件明确提出“心理和谐”的理念。建设和谐社会是国家发展的战略目标，而和谐社会的标志之一是社会行为的协调，其重要基础之一是心理和谐，这包括人与人之间心理内容和心理活动的互相理解，并在此基础上对社会行为进行调节，从而达到彼此互助与合作，提高社会行为的效率，并保证良好意愿的实现。

我国心理学家已经对“心理和谐”作出了科学解释。中国科学院心理研究所的“国民心理和谐指数”项目研究小组从2006年以来就开展了对心理和谐的研究，明确了心理和谐的内涵和结构，编制了测量工具，并形成了一系列有关心理和谐的专题报告。研究发现，心理和谐指的是个体在处理自我、家庭、人际和社会问题过程中的主观体验和总体感受，包含四种成分：一是自我状态，指的是个体对生活、工作、个性特征、情绪情感等的感受或体验；二是家庭氛围，指的是个体对家庭生活中的氛围和成员之间关系的感受和评价；三是人际关系，指的是个体在人际交往中对他人的认知和评价；四是社会态度，指的是个体对社会现象的评价。在心理和谐的四种成分中，自我状态是心理和谐的基础，家庭氛围是心理和谐的保障，人际关系是心理状态的促进和提升因素，社会态度是心理和谐的综合体现。这一系列的研究报告得到国家领导人的重视并批转国家有关部委，作为政府决策的参考依据。

2010年，温家宝总理在中共中央、国务院举行的2010年春节团拜会上致辞时强调，我们所做的一切，都是为了“让人民生活得更加幸福、更有尊严”。他在第十一届全国人民代表大会第三次会议上作政府工作报告时再次提到：“我们所做的一切，都是要让人民生活得更加幸福、更有尊严，让社会更加公正、更加和谐!”“一切为了人民生活得更加幸福、更有尊严”是继“为人民服务”之后，对我们党和政府执政理念和宗旨的又一次具体、生动而又刻骨铭心的凝练表述。长期以来，心理学家对“幸福感”和“自尊”等概念进行了大量研究，并获得了众多有理论价值和实践意义的研究成果。心理学以科学的方法研究人类心理与行为的发生、发展规律，其最终目标是让人们的能力得以充分发挥，让人们的情感获得平衡发展，让人与人之间的行为和谐共进，即让人们在这个世界上生活时能够体验到幸福并感受到尊严。同时，这也再次验证了心理学研究在社会发展和人民生活中的重要作用，反映了国家对心理学研究的要求和期望。

对于国际社会而言，国际社会稳定秩序的建立，除了依靠政治、经济和军事等因素外，不同文化、不同国家的人民之间在心理上的相互理解也是重要的因素之一。人们的行为如何反映其心理活动的内涵、人们如何理解他人行为背后的意图和信念等，这些问题都具有跨文化差异。心理学研究对解决不同文化的冲突和矛盾将起到非常重要的作用，这方面研究成果的运用，也在国际交往中具有十分重要的意义。

总之，无论是从社会发展和人类进步的需求，还是从科学问题和科学研究本身来看，心理学研究在国家发展战略和基础科学研究发展战略两个方面都具有举足轻重的地位，其相关科学研究的成果对人类社会的发展和影响有着不可估量的意义和价值。

第二节　心理学的发展规律与发展态势

由于人类精神活动的复杂性，心理学研究涉及的问题很多，产生了许多相关的心理学研究分支，各个分支既有共同的发展规律和研究特点，也有每个子学科的独特性。总体而言，人类对自身心理学问题的思考，早期主要来自哲学家。他们关心并试图回答诸如什么是意识、自我的本质是什么、人类是否拥有自由意志等问题。这些深奥并抽象的哲学问题，看似远离每个个体的生活，其实不然，对这些问题的理解关系到每个人的生活福祉。但是，早期哲学家甚至心理学家对于这些问题的研究主要基于对概念的讨论和分析，缺少实证研究。

在 20 世纪早期，实验心理学的出现，使得心理学研究逐步走向了以实验数据为基础的实证研究。尽管“心理加工”这一精神活动存在难以想象的复杂性，并且心理活动无法被实验仪器直接观察到，心理学家们依然坚持使用越来越多的自然科学的研究手段，希望通过严格可重复的实验测量，在坚实的科学数据基础上，提出关于心理活动规律的理论，并且用新的实验来检验这些理论对事实的预测是否准确。实验心理学独特的实验研究方法，对于心理学新概念的产生起到了巨大的推动作用，特别是从20世纪六七十年代开始，实验心理学与认知科学新的思想方法相结合，研究者通过行为实验，获得了大量的数据，提出了许多有关人类认知与行为规律的理论，这些理论涵盖了感知觉、注意、记忆、语言、情绪、决策等诸多方面，丰富了人类对自身心理活动的认识，同时也在其他研究领域（如计算机视觉、经济学等）当中产生了广泛的影响。

从20世纪90年代开始，由于fMRI等神经影像技术的产生及其在心理学和认知科学研究中应用的可能性，科学家们试图研究复杂心理活动如何通过某些神经回路、某些脑区、某些神经元甚至某些神经递质来完成。认知神经科学正是在这些研究基础上发展起来的一个交叉学科。通过研究工作的不断深入，认知神经科学形成了自己独特的研究方法。在认知神经科学发展的早期，研究者主要关注的是感知觉、注意、记忆、语言等基本认知功能的神经基础，通过神经影像确定某些脑区和某些神经网络在这些基本认知功能中的作用，这些神经影像的研究成果也推动了新的心理学理论的出现，加深了人类对自身精神活动的认识。

人类进入21世纪后，心理学研究注重如何解释人类的社会行为，试图找出人类社会行为背后的心理学机制，这对于理解并调节人类的行为、提高社会行为的效率、促进人类社会的和谐发展，有十分重大的科学意义和应用价值。社会心理学研究强调人的社会性，强调人关于自我和他人的认识对社会行为的重要性。一些社会心理学家与认知神经科学家开始合作，研究人类社会认知与社会行为的神经基础，将一些独特的社会心理学研究范式与神经影像技术相结合，为研究社会认知的神经基础作出了重要的贡献。在此基础上，诞生了社会认知神经科学这一新的学科，并成立了相应的学会。以前只有哲学家讨论的关于意识、自我、共情等人类精神活动的相关问题，也已经成为了社会认知神经科学的重要研究问题。

从上述发展也可以看出，心理学研究越来越多地注重与其他学科（如神经科学、医学、信息科学等）的研究手段和技术紧密结合，而不再局限于行为测量、问卷调查等研究手段。与生命科学相结合，特别是利用神经科学的各种研究手段，如现代神经影像技术、基因测序技术等，已经成为心理学研究的新特点。人类的精神活动具有高度复杂性，其研究也具有高度的挑战性，通过上述结合，不断推动其他学科介入进来，最终使得关于人类大脑与心智的研究成为一个真正的多学科高度交叉的研究领域。一方面，这种结合推动了探索人类心理活动物质基础研究的不断深入；另一方面，结合神经影像等技术获得的关于大脑活动的神经科学数据也在很大程度上帮助研究者提出新的心理学概念和理论。

总的来说，当前心理学的发展呈现出以下五个特点。

（一）认知神经科学发展异常迅猛

无论是从国际核心刊物论文发表的数量还是从高水平论文的分布来看，心理学正在面临一次全新的、对心理现象和行为的神经机制展开大规模研究的趋势。这无疑得益于脑功能成像技术和基因测序技术的发展。对于几乎所有的心理学问题，都有人正在试图从脑定位、脑功能和基因水平上进行研究。在感知觉、言语加工、空间认知、注意、记忆、情绪等领域确实也取得了新的进展和成绩。

（二）多学科交叉研究趋势明显

越来越多的原本从事生理学、生物学、物理学、基因组学、生物化学、计算机学、社会学、数学、逻辑学的研究人员正加盟到对心理现象和机制的研究中来。

（三）跨文化研究获得重要成果

最近几年，从认知的角度和认知神经科学的角度出发，跨文化心理学的研究取得了很多重要的成果，文化对人的心理状态和加工特征的影响已经得到国际心理学界的关注。同时，研究者也提出了更多的需要从跨文化角度研究的问题。

（四）心理学研究对人类健康的影响日益显著

在发达国家，随着对生理-心理-社会这一健康概念的认同度的提高，医学模式和健康促进正在向这样的三维模型转化，已经获得明确的经济效益和社会效益。这给心理学涉及健康方面的研究和应用提供了极大的发展空间。

（五）国际和地区合作日益频繁

随着全球化、国际化的发展，原本就重视国际合作的心理学在国际和地区间的合作发展很快。更多的地区性国际组织在形成，各类地区性的国际会议也在频繁召开。

第三节　国际和我国心理学的研究现状和研究动态

心理学的基础学科包括认知心理学、生理心理学、发展心理学、社会心理学、健康心理学、医学和临床心理学、人格心理学、管理心理学，以及其他应用心理学，如运动心理学、军事心理学、工程心理学等，还包括心理学史和心理学的基本理论研究。

一、认知心理学和认知神经科学

认知心理学是在20世纪60年代心理学发生“认知革命”之后兴起的。近年来，随着fMRI等无创伤脑成像技术的出现和广泛应用，认知心理学逐渐向认知神经科学这一新兴交叉学科的方向发展，这标志着人类对自身特有的心理活动、脑和心智关系、人工智能的研究进入到了一个新阶段。借助于各种具有高空间和时间分辨率的脑成像技术，对大脑各种认知功能神经机制的研究迅速发展，认知神经科学家们从单个神经元、脑组织及行为等多个层次，对知觉、记忆、注意、语言、情绪、意识以及复杂社会认知功能开展了系统研究，对大脑认知功能的神经机制的理解有了突破性的进展，并且建立了关于这些功能的认知和计算模型。

我国的心理学、神经科学和计算机科学等领域的研究者抓住了神经影像技术发展的机遇，从20世纪末就开始把心理学研究与神经影像技术相结合，于21世纪初在国内建立了以神经影像技术为主要技术手段的研究中心，并以我国心理学家独特的辩证思维方式，针对社会文化环境对人类心理活动的影响及其神经基础等重大科学问题，开展了比较系统的研究工作，并有研究成果在重要的国际学术刊物上发表。这些研究包括：发现文化对知觉、计算、自我参照、共情等社会认知加工的神经基础的影响，发现中国语言加工独特的神经机制，用神经影像技术解释脑损伤患者和精神疾病患者异常心理功能的神经机制等。

我国的认知心理学和认知神经科学的研究者们的关注点主要集中在知觉、注意、记忆、语言、数学、思维、情绪等领域。在知觉领域，科研人员利用高分辨率的MRI成像技术对知觉加工、物体大小表征和注意、知觉学习等主题开展研究，采用生理物理、电生理等手段开展听觉研究，均得到国际上相关专家的广泛认可；在注意领域，研究主要集中于注意的认知过程、神经机制、空间注意的早期调控、选择性注意的资源分配、注意网络的定位、注意对其他知觉任务的影响，以及多动症儿童的注意功能等；在学习记忆领域，研究主要关注工作记忆与学习过程的紧密关系；对汉语的研究，包括语言加工、发展及其脑机制的研究，从认知过程逐渐深入到对神经机制的探索，热点集中在字词加工和句子加工两个水平上；情绪研究的主要关注点是情绪加工机制，如面部表情识别与面孔身份识别的交互模式、负性面部表情对面孔身份识别的干扰以及面孔不对称性对面孔学习的影响、情绪对认知的影响等。中国科学院心理研究所与清华大学联合成立了情感计算中心，对情感计算理论和关键技术进行探讨，引入PAD三维情感模型，修订了简化版PAD情感量表并建立中国常模，构建出中国人的三维情感空间模型，搭建了情感与计算之间的桥梁。

作为认知科学的核心学科，认知心理学和认知神经科学研究还将探讨影响人类未来发展的重大前沿科学问题，如大脑高级功能整合、学习机制与规律、空间认知、言语认知、智能机器和智能机器人的实现、意识问题等，这些研究主题是揭开人脑和智力奥秘的关键。在临床医疗及毒品控制领域，神经科学方向的研究将有可能攻克阿尔茨海默病、帕金森病、功能性神经错乱等中枢神经系统病变，以及中风、高位截瘫等神经系统损伤等疾病，还将促进人类对疼痛、成瘾、药物滥用及其背后机理的理解，从而为有效解决毒品问题提供有力的科学支持。在智能机器和机器人领域，随着认知科学的发展，人类需求、感情、信仰、态度和价值观都将会渗透到新型智能机器中，具有发达智能的机器和机器人的出现将指日可待。在学习和教育领域，从信息时代的海量数据中提取、吸收和利用有用信息，是人类学习、积累和传播知识的重大难题。利用认知心理学和认知神经科学的理论和规律来帮助人们更为有效地学习，把实验室的成果应用到具体的教育实践和知识传递中，是应对信息爆炸所带来的挑战的最佳解决方案。

二、生理心理学

生理心理学是心理学体系中的重要基础学科。早在神经科学成为一个领域之前，生理心理学就已经是心理学的重要分支了。生理心理学主要研究心理和行为是如何受中枢和外周神经系统影响的。随着生物学和神经科学的新方法和新技术的不断发展，生理心理学研究也在逐渐超越传统的视野和方法，越来越明显地表现出多学科交叉的发展特点和趋势。

我国生理心理学领域目前较有影响的研究主题集中于应激及其脑机制、行为与免疫、成瘾行为及其神经生物学机制、轻度认知损伤的生物学机制等。应激是生物体接受和感知到环境和躯体变化从而产生相应的生理和行为变化的过程。关于应激所致行为效应的脑机制是当前生理心理学领域的研究热点。传统观点认为，免疫系统只能进行自我调节，不受中枢神经系统控制。心理神经免疫学在近年来获得的进展证明，脑和行为可以调节免疫功能并改变机体对自身和外界刺激的反应能力。当前的研究方向是利用神经科学和分子生物学技术与行为模型相结合，从中枢神经系统和免疫系统之间相互作用的不同途径来研究行为和精神活动影响免疫及其生理状态的过程。对心理神经免疫调节、情绪应激与免疫、心理行为干预与癌症等三个方面进行应对方式及心身交互作用机制的研究表明，某些心理过程（如联想性学习、情绪、行为想象和认知策略等）确实可以对免疫功能产生影响，即高级神经精神活动能调节免疫功能。而反过来，免疫系统的变化也能影响高级神经精神活动的功能。因此，身体和心理是可以相互调节、相互影响的。免疫系统的紊乱不仅导致疾病，也与衰老、性格和行为变化有关，如抑郁症或病态行为就与细胞因子（如白细胞介素-1）有关。这方面的研究尚需深入展开。随着对中枢神经系统和免疫系统之间相互作用研究的深入，人类健康的维护和疾病的防治方面将会有新的发展前景。

成瘾（如药物成瘾、物质成瘾）行为，特别是药物成瘾，会引起脑区、神经通路和多种神经生化物质的改变。环境记忆、情绪、应激事件、个体易感性等心理因素和药物渴求与复吸现象有密切关系。药物与网络成瘾机制是目前生理心理学研究的另一个重要方向。研究证明，在成瘾药物作用下，脑内形成的长时程适应性改变是药物依赖行为形成的基础。其中，药物戒断后所形成的继时性改变，更成为药物心理依赖的本质，同时驱动复吸行为的发生。其中和环境应激与情绪相关学习记忆的异常表达，是药物成瘾长期存在的重要原因。已经形成的成瘾相关记忆可逆性的变化、成瘾相关环境应激对成瘾行为的易化及其所唤醒的复吸行为，以及它们的神经机制，成为目前成瘾研究的热点，具体包括如下几方面的问题：既然成瘾行为的发生以神经元的无条件敏感化为基础，环境因素在其中只是起到对此敏感化是否表达和在多大程度上表达的作用，那么环境线索诱发的复吸行为和无条件神经元敏感化的关系及其神经机制是什么？在成瘾药物作用下，情绪相关学习记忆的异常形成及表达和药物依赖过程中所形成的无条件神经元敏感化的关系是什么？既然成瘾记忆的形成是一个动态的过程，什么因素能够促进记忆的巩固，具体的作用机制是什么？基于临床治疗的意义，已经形成的成瘾记忆在什么状态下可以削弱或删除？具体作用机制是什么？相对于自然奖赏相关的记忆，成瘾相关记忆的神经机制是否有特异性？这些问题的具体作用机制有待进一步深入研究。

目前，我国直接从事神经免疫学研究的人才队伍相对薄弱，有关研究也未能获得国家科研经费的重点资助。然而，当今国际上神经免疫学与心理行为特点和心身交互作用的关系是热点研究方向，国内有关领域研究有迅速发展的趋势。中国科学院心理研究所心理健康重点实验室在神经免疫学相关方面做了大量研究，研究对象不仅涉及普通人群，还涉及精神分裂症患者、抑郁症患者、癌症患者，以及实验大鼠等，研究问题涵盖了不同人群的心理行为反应特点、心身疾病患者的应对方式和个性特征及心理行为因素对疾病发生发展和转归的影响等；研究建立模拟人类应激的动物模型及心身疾病动物模型，并取得了一定的工作成绩。

生理心理学研究不只为人类认识自身的行为和精神现象作出重要贡献，而且对物质和精神相互转化的认识论和哲学理论的发展具有重大意义，对教育、医学、环境保护等事业来说具有广阔的应用前景。近年来，国际上开展了很多神经可塑性的基础研究，还有利用神经可塑性原理对脑损伤患者进行康复训练的一些研究，取得了较好的结果。国内这方面的研究则处于起步阶段，还需要大力发展。

三、发展心理学

发展心理学是研究心理的发生、发展过程及其规律的心理学分支学科，其主要目标是描述、解释个体心理和行为的发生、发展规律并使个体发展最优化。发展心理学的应用价值在于促进个体的积极变化。以达到优化发展的目的，同时预防、校正或延缓消极变化。例如，促进儿童的认知和社会性发展，改善存在发展障碍（如自闭症、多动症、学习障碍、社会退缩、行为问题、青少年犯罪等）儿童的发展轨迹。

通过检索国际上发展心理学的重要期刊，可以看到近10年来该领域有重要影响的生长点和持续热点主要分布在以下领域：认知发展与语言习得方面，如儿童核心领域概念发展、婴儿早期的词汇学习、童年早期语音意识的发展、婴儿的心理理论、面孔识别的神经基础的发展等；情绪与社会性发展方面，如气质、人格发展，人际关系的发展，以及心理弹性、自我概念的发展，自我调节的发展等；异常发展方面，如各种发展障碍（自闭症、多动症、学习障碍、社会退缩、行为问题、青少年犯罪等）的发展轨迹、发生机制、环境变量的影响、干预效果等；发展的重要背景因素方面，如学校环境中的师生关系，家庭环境中的早期依恋、父母监控等，在这方面，一批有重要影响的家庭养育干预项目相继出现，如美国的家庭访问项目等，而其他环境（如计算机、互联网、电视传媒）的积极作用和消极作用都受到关注。

在整个发展心理学领域中，婴儿心理学研究有着独特贡献。

根据美国儿童发展研究学会的统计，以婴儿为研究对象的研究，目前已和以青少年为对象的研究数量相当，各占儿童发展研究的1/5。对婴儿（特别是新生儿）的行为研究有助于解决发展心理学中有关先天和后天的争论，为人类某些先天能力的存在提供有力证据（如表情模仿、面孔偏好、声音识别等）。婴儿心理学研究在朴素理论多个子领域都取得了重大突破。例如，研究者发现15个月的婴儿便表现出对错误信念的认知，而传统观点认为儿童要到4岁才能通过错误信念任务；诸如婴儿对他人行为意图的推测和对亲社会行为的偏好、对皮亚杰的某些经典实验任务的解决、对统计概率的认知等研究得到的结果，很大程度上改写了发展心理学的一些传统认识和理论，许多新的理论观点应运而生，对发展心理学建构各个年龄段（特别是儿童期发展）的发展理论和模型产生深远影响。另外，其研究成果也可以直接服务于家庭教育和学校教育。例如，社会行为在婴幼期的发生发展，对于这些行为的早期促进有重要意义；再者，研究发现，诸如自闭症、注意力缺陷多动障碍、精神分裂等心理疾病早在婴儿期都有显示迹象，婴儿心理学的一个重要方面就是对这些特殊儿童在婴儿期表现出的身体运动、认知、情感接收和表达上的特点加以研究，对精神疾病的早期预防和治疗方面有积极意义。可以说，婴儿心理学的研究，是整个发展心理学研究的一个突破口。

目前，发展心理学的研究呈现如下趋势。第一，生态化(ecological)的研究取向。生态系统理论认为，环境（或自然生态）是一组嵌套结构，发展的个体处在从直接环境到间接环境的几个环境系统的中心或嵌套于其中，每个系统都与其他系统以及个体交互作用，影响着发展的重要方面。受生态系统理论影响，个体发展所处生态系统中的各个要素（家庭、同伴、早期看护与学校、社区、传媒等）及要素间的关系正得到越来越多的关注。第二，毕生发展趋势也是当今国际发展心理学研究取向的突出特征。毕生发展观认为，发展不是建立在生理成熟概念基础上的线性、单维度和单方向的成长，而是一个多维度、多功能的动态的系统；任何一种行为的发展过程都是复杂的，发展不是简单地朝着功能增长方向运动，它既有生长也有衰退，是获得与丧失的动态过程。毕生发展观强调所有年龄的人都能发展某些技能以补偿他正在降低的某种能力；发展是高度可塑的，由于个体生活条件和经验发生变化，发展可采取多种形式。第三，不同社会文化背景对个体心理发展的影响也越来越受到重视。由于很多研究结论只是针对某个特定文化或亚文化内的被试在某个时间点上的状况，因此我们不能确定这些结论是否适用于不同时代的或其他文化背景下的同时代的人，每种文化、亚文化都会向下一代传递特定的信仰、价值观、风俗和技能，这就使得跨文化研究非常必要，它使得研究结果不被过度概括化，也是确定人类发展是否存在共性的方法。跨文化发展心理学的研究对探讨环境与遗传关系的基本问题有重要理论意义。人类个体发展的跨文化研究还对解释人类心理和行为的起源及其发展过程、探讨个体心理发展的规律及其适用范围、增进不同文化中人们间的相互理解等具有重要意义。

发展心理学有其独特的研究方法。例如，追踪研究是发展心理学特有的研究方式，由于这种研究设计获取的是同一组被试多个时间段的资料，因此不仅可以探查群体规律性的发展模式，还可以进一步考察发展中的个体差异以及这种差异的稳定性，也可以了解早期行为的预测性，对行为干预和教育尤其具有重要意义。国外一些追踪设计项目已经跟踪被试数十年，我国学者也有长达10年的追踪研究，但总体来说，长期的追踪研究还是相当少见。此外，大规模大样本的整合研究也是发展心理学独特的研究方法。当今有影响的研究多由大的合作团队开展，在大范围内大规模实施追踪，并定期将研究数据开放，供研究者共享。例如，美国国立儿童健康与人类发展研究所的研究项目等，都是持续时间很长的研究计划，这样的大规模、大样本、多角度的项目在发展心理学界有较大的影响。

目前，发展心理学研究也呈现出方法多样化和研究手段不断更新的趋势，具体体现在：第一，强调采用多种方法去研究某一心理发展问题，各种研究方法都有其特定优势，从一种设计得到的结论可以用另一种方法检验或进一步确认，提高研究结果的可靠性。第二，强调和大量采用多变量设计，辅以多元统计分析，以揭示个体心理发展各个方面的相互联系和影响个体心理发展的各种因素及其相互作用。第三，注重定性和定量研究方法的结合。

除了研究方法的多样化、综合化趋势外，发展心理学的研究手段和技术也随着科技的发展日益现代化，尤其是神经科学技术的引入，对于揭示发展的神经机制有重要意义。例如，认知发展的领域特殊性和领域一般性问题是近年来发展心理学争论的问题。持领域特殊性观点的研究者认为，个体对不同领域的认知是相对独立的，每个领域的认知（或称模块）都有固定的神经结构；而持领域一般性观点的研究者则认为，所谓领域特殊的系统是领域一般的系统通过学习塑造的，从而对某些特定的输入会作出特定的反应。发展认知神经科学的研究通过评估领域特殊的系统是在学习发生之前（支持领域特殊）还是在学习发生之后（支持领域一般）出现来解决这一争论。发展认知神经科学不仅关注正常的发展，同样对异常发展的神经和心理机制有着广泛的关注。例如，发展认知神经科学有关精神分裂症的研究发现，这种通常在成人阶段才会表现出来的疾病，其发病的根源可能存在于个体发展的早期。这大大提高了发展科学相关研究成果的应用和推广程度。

在国外，发展心理学是心理学研究中的一个很大的分支。以美国为例，仅美国儿童发展促进会的会员就超过5500人，研究者有广泛的经费来源。另外，国际行为发展研究会（ISSBD）、欧洲发展心理学会（ESDP）都是非常活跃的发展心理学研究组织，云集众多的发展心理学家。此外，以发展心理学研究为基础的各类美国儿童发展促进会几乎覆盖了多数处境不利的儿童，对促进儿童的积极发展起到重要的作用。

我国的发展心理学也是国内心理学研究中的最重要力量，国内大多数高校的心理系都有从事发展心理学研究的学者。在儿童发展方面，相关研究内容涉及儿童数学认知及影响因素、执行功能、工作记忆与认知策略发展、概念发展、问题解决策略、元认知与监控、儿童朴素理论、情绪理解能力、气质与人格发展等多个主题。此外，社会认知研究是近年来逐渐出现的热点领域，研究者对儿童行为抑制性、中小学生个性特点与学校适应、同伴之间的关系及其家庭等社会影响因素问题进行了探讨。特殊儿童的成长与教育也是我国发展心理学界长期关注的一个问题，我国关于超常儿童、低常儿童、残疾儿童和离异家庭儿童心理状况的研究已开展20余年，随着社会的发展和变革，对特殊儿童群体（如流动儿童、留守儿童和城市流浪儿童）的研究也逐渐增多，这也在国家政策的制定与完善中发挥积极的作用。在老年发展方面，从20世纪90年代开始，我国研究者就围绕认知老化等问题进行了大量研究，研究者探查了老年人的感觉功能、加工速度、加工容量等基本认知过程以及影响老年人认知能力的因素。目前我国关于老年人的研究日趋丰富，内容涉及认知、社会性、心理健康等各个方面。我国人口老龄化与经济发展的不均衡将带来一系列比其他发达国家更多、更严重的医疗和社会问题，因此，全面系统地开展老年发展心理学研究，不仅可以直接服务于提高老年群体的心理健康水平和生命质量，还可以为政府制定相关政策、为社会和社区开展养老服务提供科学依据。

目前，我国发展心理学研究不同程度地存在以下问题。第一，过分强调方法和技术，对科学问题和理论的关注不够。虽然我国发展心理学实证研究的水平提高较快，但理论水平提高速度则跟不上国际趋势，需要引起特别关注。第二，目前国内发展心理学的研究方向很多是由外部因素决定的，研究者倾向于选择有可能获得资助的重点热点问题，随资助经费的来源而不断转化研究方向，由于缺乏在一个方向上的长期、深入、细致的投入，难以做出有深度和在世界范围内有影响力的结果。因此，如何把握学科前沿和国家战略需求，找到一个能够可持续发展的选题，对研究者来说很重要，对发展心理学的研究队伍建设也很有意义。第三，国内很多发展心理学的研究仍停留在对国外理论的介绍和实验验证上，对已有研究成果的理论概括不够；所做研究工作偏描述、少解释；问卷、量表等也多局限于对国外的修订；研究的理论水平也影响了自主创新能力。因此，理论和方法创新是我国发展心理学的发展瓶颈。

四、社会心理学

传统的社会心理学的研究领域包括自我、群体过程、社会关系、社会认知、刻板印象、偏见、态度、社会情绪等。近年来，社会心理学的研究发展还表现出两个特点：一方面是对基本心理与行为过程的理论研究不断细化和深化，如对社会认知过程和群体认同、群体互动的影响因素的研究；另一方面是对现实主题的研究越来越受到关注，如对婚姻关系、生活满意度、主观幸福感、文化、恐惧管理等主题的研究报告越来越多。当前，社会心理学发展的最主要的趋势是与认知神经科学的结合，借助神经科学的手段，研究不同社会情境下人的心理和生理的变化。很多传统的社会心理学问题也开始借助脑电事件相关电位（ERP）、fMRI 等工具对其内在机制进行研究。

在众多研究领域中，关于人类在不确定情境下的决策与行为的研究是目前的一个热点。不确定性研究的成果主要来自思维和决策领域。在英语国家中，该领域的研究一直是心理学界的一个分支。决策领域早期有影响的基础性研究（如 Kahnman 与 Tversy 关于预期理论的研究）多由美国空军、海军、政府机构和诸如 Sloan 基金会等著名私人基金机构资助。随着决策研究领域的发展，决策研究开始得到越来越多的科研基金资助，处于该领域前沿的国家开始设置专门的研究计划资助相关研究。

脑、认知及决策方面的研究成果极大地促进了人类社会的发展，已有三人因对决策的认知和行为研究获得了诺贝尔经济学奖[Herbert Simon（1978）、Maurice Allais（1988）、Daniel Kahneman（2002）]，他们的工作不仅对心理学，而且对经济、法律等需要面对不确定性进行决策的领域都产生了很大影响；其对于生活各方面的作用也不断加深。随着本领域研究的不断发展，相关学术期刊也不断产生，影响范围也日益扩大。

近20年来，由于美国著名大学商学院均开设了决策研究的相关课程，加之经济学、金融学等领域行为经济学、行为金融学的兴起，大批散布于各著名大学的商学院、经济系、公共管理学院、医学院等相关领域的研究力量，使思维与决策领域的研究在近20年开始进入急速发展状态。同时，随着多学科之间的不断融合，由心理学、经济学和神经科学交叉而产生的神经经济学应运而生，作为一个新兴的跨学科领域，该学科的出现不仅体现了多技术手段的融合，更表现为多学科领域的融合。近10年，美国和欧洲各大学和研究机构纷纷建立神经经济学相关实验室，思维与决策领域的研究队伍中又增加了一大批神经科学家。

在我国，行为决策科学引入中国始于1983年春，诺贝尔奖获得者 Herbert A. Simon 赴中国科学院心理研究所进行科研合作。目前，在中国科学院心理研究所、北京大学心理学系、浙江大学心理与行为科学系及西南大学心理学院等研究机构中，已形成了数个行为决策研究团队，如中国科学院心理研究所社会与经济行为研究中心、北京大学工业与经济心理教研室等。这些研究团队在决策及跨文化差异、风险决策、神经经济学、群体决策、儿童决策等领域开展的研究已初现体系，并逐渐开始涉足消费决策、行为金融、战略决策行为、突发公共事件等应用领域，如2003年SARS（严重急性呼吸综合征）事件、2008年汶川大地震等。这些应用研究工作为社会和经济活动提供了重要的理论和实践依据，起到了切实可行的指导作用。

我国的研究者虽然在研究不确定性领域取得了一些成绩，但与美、德、以色列等发达国家相比仍有相当大的差距。虽然近年来研究论文数量增长很快，但具有原始创新性的高质量论文较少，在本领域权威杂志发表的文章数量还较少。分析我国该领域研究现状，与国外存在的主要差距在以下几方面：

1）创新学术思想少，跟踪和重复研究多；

2）缺乏良好的研究平台，基础研究效率低下，在合作研究中多局限于跨文化比较研究。

3）缺乏处于国际前沿的高素质的研究团队。虽然目前我国的一些研究论文已在本领域权威学术杂志上发表，但这些研究是个别和零星的，并且过分地依靠个别科学家。

4）科研运行体制的问题，导致学科和领域交叉的机制不畅。

5）国家层面引导不足，导致基础研究的成果难以很好地应用于公共管理、政策制定等宏观领域。

上述问题应当在“十二五”规划期间引起重视并予以改进。

五、健康心理学

健康心理学采用心理学知识和技术研究健康、疾病、功能失调等的原因，以促进健康和预防疾病。主要任务是运用心理行为干预手段和技术，调节认知，改善情绪，矫正行为，降低应激，减轻疼痛和缓解症状，完善个体的社会功能。

结合我国具体国情，健康的概念应有更广泛的内涵。党的十七大报告提出，中国特色社会主义现代化建设的重要目标之一是实现全民健康和全面健康。全面健康指的不仅是身体健康，还包括心理健康。世界卫生组织根据《联合国宪章》明确界定：“健康不仅仅是没有疾病、不体弱，而是一种躯体、心理和社会功能均良好的状态。”基于这种新的理念，许多发达国家的健康体系已由原先的狭义健康论向全面健康观和身心疾病预防的方向发展，即不仅将关注点放在疾病治疗和身体康复上，还同时重视对心理健康的促进，以及身心健康的和谐统一。借鉴这些理念，我国现代和未来健康体系的构建和发展，将不仅单方面关注疾病治疗和身体康复，也不仅是在身体健康的同时平行重视心理健康，而是基于心理健康基础上的身体、心理、社会健康的和谐统一。通过研究遗传和环境因素的相互作用，在心理疾患与精神疾病发生发展的规律中寻找潜在的病因，建立检查心理疾患与精神疾病在体分子标记的心理学整合技术，将其应用于监测心理疾患与精神疾病的发生与发展，最终实现心理疾患与精神疾病的早期诊断，并通过药物或非药物手段对心理疾患与精神疾病实行早期干预和治疗，从而降低我国人群的心理、精神疾病的发病率；对于长期患有难治型心理疾患与精神疾病的个体来说，在药物治疗的基础上，补充情绪调节和行为干预的技术，促进其社会功能的康复，进而提高人的生产活动的效率，提高社会生产力，服务于我国从人力资源大国向人力资源强国转变的目标，这是未来健康心理学或称心理健康研究所追求的重要目标。

在健康心理学研究中，对心理疾患的早期筛查与干预是心理学、精神病学、神经科学、生命科学研究的最重要的问题之一。研究证据表明，精神分裂症患者发病后，治疗越及时，预后越好，所以，现在世界各国都开展了精神疾病的早期诊断和治疗研究，除了对首发精神疾病患者诊断和治疗外，还对前驱期及高危人群提供相应的帮助，争取最大限度地减小疾病带来的影响和危害。这类研究机构遍布世界各个国家。北美、欧洲和澳大利亚等发达地区和国家都已建立起比较完善的早期干预计划，如美国、英国、澳大利亚、加拿大等。澳大利亚有超过 12 个的精神疾病早期诊疗中心，其中早期精神病预防和干预中心（EPPIC）位于墨尔本，建立于 1992 年，逐渐成为世界临床和研究中心的领导者。它提供全方位的服务，包括危机评估、门诊和病房管理、小组计划。而在亚洲，仅有新加坡和中国香港特别行政区设立了早期干预计划。

虽然目前中国也有一些机构正在从事对首发精神分裂症的干预治疗，但他们都没有特别重视青少年时期及其他心理疾患早期筛查与干预的研究，而且其研究全都侧重于药物治疗方面。我国还没有对首发精神分裂症和心理疾患前驱期的原因和后果进行系统性研究。我国只有少数研究机构开创了以神经心理学及认知神经科学为主导的心理疾患及精神疾病的创新平台，并运用神经心理学、行为遗传学、生物心理学和发展心理学等多学科方法探查早期精神病（如精神分裂症）的原因和后果，阐明应激与早期精神分裂样行为的神经生物学机理及遗传因素和环境因素的交互作用，以期深入理解精神分裂症的发病机制，减轻和减少青少年精神疾病的发生，并取得了一定的工作成绩。我国已经有了关于重大心理疾患的大课题，如“973”计划项目，但各地联系还有待加强。而且国内还没有正式的早期精神病的研究基地，该类研究还没有很好开展，处于亟待发展阶段。和国外相比，甚至和印度等其他一些发展中国家相比，中国对心理疾患早期筛查与干预的研究都是比较落后的。

在健康心理学研究中，当前还必须关注的一个主题是老年人的心理健康。随着我国老龄化的迅猛发展，老年人的心理健康问题越来越引起社会的普遍关注。由于西方发达国家步入老龄化社会的时间比较早，相关心理学研究的开展比我国也要早很多。在20世纪中叶，西方发达国家的心理学家开始在大型纵向研究中探寻个体心理发展的差异性及其影响因素，如美国的西雅图计划（1956年）和成功老化计划（1988年）、瑞典的Betula计划（1988年）、德国的BASE计划（1990年）等。相关研究主要围绕以下几个方面展开：第一，老年心理健康的内涵；第二，老年心理健康的评估；第三，老年心理健康问题的预防和干预。世界卫生组织于1990年提出实现“健康老龄化”的目标。随后《联合国第二届世界老龄大会政治宣言》又进一步提出了“积极老龄化”的理念。“健康”、“参与”和“保障”是积极老龄化的三大支柱。为了更好地贯彻“积极老龄化”的理念，联合国第二届世界老龄大会制订了面向21世纪的行动计划，确定了一系列各国今后行动的优先方向，其中包括促进老年人心理健康。

老年心理健康的研究，主要关注点之一是老年心理健康的评估。心理健康不仅关系到自身健康和生活质量，而且也涉及家庭、社会和谐。如何保持老年人健康的心态、相对完好的认知功能和社会功能，正是老年心理学研究的主要问题。目前的评估目的大多为鉴别临床症状，不适合广大普通老年人群的心理健康评估。另外，研究重视疾病的临床诊断，轻视疾病的早期发现和干预。阿尔茨海默病是老年期的常见疾病之一，阿尔茨海默病会引起记忆力、计算力、语言和思维能力等认知功能障碍。认知功能障碍的发展是一个长期的过程，家属往往不知患者从何时开始起病。尽可能早地发现患者症状、提前预知认知能力的变化是预防和延缓痴呆发生的有效切入点。神经心理学、神经病理学、神经成像学、流行病学、行为遗传学等多个领域都在积极开展这方面研究。目前，全球在这方面投入最大的项目是2004年美国国立老年研究所和其他政府及私营机构联合发起的阿尔茨海默病的成像研究计划。该项目历时5年，投资6000万美元，旨在发现痴呆前临床期的认知变化，以及与之相联系的神经成像和其他生物标记，以期能够准确监控疾病进程，检测治疗效果。

老年心理健康的干预也是当前研究的关注点之一。长期以来，生物医学模式在保护人类的健康及对医学进一步发展的促进方面，确实发挥了重大的作用。然而该模式对疾病认识的片面性及局限性，造成医务工作者在防治疾病的过程中只注意疾病的生物因素，而忽视了许多重要的心理因素和社会因素的主导中介作用。随着医学模式的转变，健康的概念已不再局限于身体健康，它还包含心理健康和社会功能良好，三者达到完美状态才是真正的健康，也就是整体健康。现代医学模式则将从以生物病因为主的治疗扩大到生物-心理-社会综合的预防，从而更全面、更有效地提高预防效果，即要求卫生服务随着医学模式的转变而逐步扩大服务范围，包括由生理服务扩大到心理服务、由医院内服务扩大到医院外服务、由医疗服务扩大到预防服务、由技术服务扩大到社会服务。

目前老年心理学研究的重点，逐渐从横断研究向队列纵向追踪研究拓展；从单纯行为层面的研究逐渐向与认知神经、遗传等其他学科结合发展；在正常老化研究之外，开始关注各类病理异常老化，同时也开始把目光投向高龄长寿的心理特征的研究。在我国，北京地区的一些研究机构与医院都在老年情绪和认知障碍的临床和科研方面有深厚的基础和丰富的经验。其中，已有研究机构率先在中国开创老年心理学研究工作，在有关老年心理健康及健康老龄化问题、正常认知老化及其机制、病理性认知老化及其脑机制等方面的研究中取得了系统的学术成果。

六、心理学的其他基础和应用学科

除上述当前与认知神经科学结合比较紧密、发展较快甚至正在形成的一些新兴的具有学科交叉性质的心理学分支外，心理学还有其他一些重要的学科分支领域。

医学和临床心理学是心理学与医学相结合的一门分支学科，几乎吸取了心理学中所有与健康有关的分支学科内容，将心理学的理论知识和研究技术应用于对人类健康的促进及身心疾病的病因与病情分析、诊断、治疗和预防。主要的研究进展包括临床心理评估量表的修订和编制；将传统心理测验方法与认知神经科学最新技术相结合，应用于医学心理学中对疾病的检测和临床诊断；将行为研究方法与认知科学、生物学、脑成像等技术相结合，对常见的病理心理现象进行精确描述。这些研究在精神分裂症、双向情感障碍、抑郁症、焦虑、恐惧、强迫、成瘾行为、自杀、痴呆等疾病的心理和生物学机制方面取得了显著的进展。未来还需要进一步完善病理心理学的诊断分类方法，从基因、生化异常、神经功能变化、环境因素的作用和各因素的相互作用等方面，完善对疾病的生理和心理机制分析。

人格心理学作为心理学传统领域中的一个重要分支，当前仍然活跃，其理论和应用领域日益广阔。特别是在探索中国人人格结构的基础上取得了许多新进展。继 20 世纪 80 年代中国学者研发了中国人个性测量表（CPAI）以来，不断有学者对中国人的人格结构进行探索，并开发出大七人格模型及相应的测量工具（QZPS-Q）。研究者们运用各类人格量表对不同人群进行分析，探讨不同人群的人格特征和差异、人格对心理健康的影响等。人格心理学的研究逐渐呈现科学化、综合化、本土化、实用化等发展趋势。

运动心理学是一门应用科学，虽在我国起步较晚，开始于 20 世纪 90 年代末期，但由于理论领先、方法得当，在认知运动心理学的核心——运动思维问题的研究中取得了可喜的突破。研究主题包括运动心理训练和心理咨询服务、竞技运动中情绪控制和运动认知等。以后还需要考虑的研究重点包括体育锻炼促进心理健康的剂量效应、影响体育锻炼与心理健康之间关系的中介变量和调节变量、运动员的心理认知等问题。今后体育科学领域的认知神经科学研究可进行以下几个方面的探索，如运动直觉思维的神经机制研究，运动决策的神经机制研究，运动技能操作过程中注意的神经机制研究，运动知觉的神经机制研究，运动表象的神经机制研究。

近年来，随着科技发展及现代战争新特点（如新的作战模式）等需求的发展，军事心理学对军事工业的推动也呈现出一些新的热点，主要集中于心理选拔、能力倾向测验、部队心理健康维护、官兵心理健康评估等。在军事人因学领域，研究主要集中于领导能力、士气、经验、动机、训练及记录等文化因素对武器效能的影响，武器装备设计的人性化，工作负荷评价模型，操作者模拟分析，任务整合网络系统等方面。随着恐怖袭击、生化武器作战、自然灾害的频发，突发事件中急性应激反应特点及其快速诊断与处置、有效的心理危机干预技术、危机预防与教育研究等，也成为预防精神疾病发生、保障官兵心理健康和保证军事任务顺利完成的重要手段。

第四节　我国心理学的优先发展领域与重大交叉研究领域

一、心理学

考虑到目前心理学发展的趋势，同时根据国家建立和谐社会的战略发展目标，在未来5～10年，心理学研究在我国的发展要注重基础研究，抓住重大科学问题，争取在某些领域出世界一流的研究成果。同时，我国的心理学研究也应注重解决由社会发展带来的各种各样的心理问题和心理疾病，把基础心理学研究的成果转化为直接服务于人类、服务于社会的方法和技术。我们认为，以下几个方面，有可能成为未来 5～10 年取得突破性成果的领域，也是最有可能与其他学科交叉的重要心理学领域。

（一）意识的心理和神经机制

世界的存在是客观的，与人的意识无关，这个客观即使在无人类或无意识的前提条件下也是存在的，这是唯物主义的基石。但在人类意识存在的条件下，物质世界的本质只能是人所理解的本质，人的意识自动地转换了世界的存在形式。离开意识概念的理解，在理论上物质是无法建立的，世界的本质也是无从理解的。所以，人类在认识物质世界的同时，同样需要认识意识的本质，这对人类理解自己生存的世界会产生积极的巨大影响，从而使人类对世界本质的理解达到更高的水平。

但意识的本质及其属性对人类而言，是至今还在求解的一个谜。意识是哲学的一个重要范畴，同时也是科学研究中非常深奥的问题之一。几个世纪以来，关于意识本质的争论一直都局限于哲学层面，但是，随着科学技术的进步，关于意识的研究已经从单纯的哲学研究逐步进入了自然科学研究范畴，科学家开始用科学实验的手段来探讨意识的本质，其前提是大部分科学家都倾向于认为身体和心灵是同一个事物的不同方面，意识来自于大脑神经元的特性和组织，是大脑的功能之一。近年来，脑成像技术（如 fMRI、ERP 等）使得观察与意识有关的神经活动成为可能，意识的心理和神经基础引起了心理学家、神经科学家、哲学家等的广泛关注。以研究意识为主题的学会（意识科学研究学会）也于 1994 年创立，其成员大部分来自于心理学、神经科学和哲学领域。一些新的以研究意识为主题的学术期刊也随之出现。虽然科学家们在应该怎样研究乃至定义意识的问题上还远没有达成共识，但他们中的大多数人认为，多学科研究途径对于了解意识的本质、作用机制及价值所在都将是非常重要的。

科学家要怎样通过客观的观察与实验测量来介入天性私密、主观的意识研究领域呢？心理学家通过精巧的实验设计将意识与无意识的状态进行分离，通过实验设计找到被试不能主观报告、没有进入到意识层面但却已经具有的态度、情绪、记忆等。例如，通过内隐联想测验来发现人们的内隐态度，采用启动范式来研究内隐情绪，用自由联想、词干补笔等方法来研究人的内隐记忆。但对于意识的认知机制和神经机制知之甚少。对特殊人群的研究，如对由于脑损伤而失去意识的植物人的研究，能够给我们提供一些对意识神经机制的认识，确定某些脑区在意识不同方面的作用。已有的研究发现，永久性植物人与正常、清醒被试相比，其皮层下结构（如脑干、丘脑）与大脑皮层的联结损伤，并且植物人的大脑激活水平整体低于正常被试。使用麻醉剂、镇静剂和催眠药会让意识的不同成分停止工作。失去意识的状态在其他条件下也会发生，如癫痫发作、普遍性感觉缺乏及慢波睡眠。关于患者的研究提示，意识发生需要一个广泛分布的皮层网络的参与，包括额叶、顶叶和颞叶，也需要丘脑与大脑皮层的合作。

近年来，认知神经科学结合神经成像技术以及精巧的心理学实验设计，使得意识问题成为认知神经科学现阶段的一个研究热点，更是一个研究难点。目前，很多认知神经科学研究者将脑功能成像（如 fMRI）技术运用到意识问题的研究中，并且得到了一些关于意识的神经生物学基础的证据。神经生理学以清醒、活动中的猴子为研究对象，发现在前额叶、颞叶等高级皮层有神经元参与意识活动，提示意识的神经机制与参与高级认知、情感、行为控制和计划的前额叶有密切的联系。研究者也通过记录 EEG 来研究意识的神经机制，提示意识可能是丘脑皮层重复共振的结果，特异性的丘脑皮层系统与非特异性的丘脑皮层系统在特定频段的神经活动交互产生。研究者还研究了视觉意识对视觉神经表征的影响以及处于植物人状态的患者的意识神经基础。

现有的这些实验工作仅仅是关于意识神经基础研究的开始，

意识研究领域还有很多未解决的重要科学问题。例如，如何科学测量严重疾病或处于昏迷状态中的患者的意识状态？人类以外的动物是否具有意识，如果有的话，如何测量？婴儿的意识是何时发展的？意识与无意识在神经层面的区分及认知神经机制是怎样的？意识的主要特点是什么，其对应的神经机制是什么？我们能够以什么样的方式最好地理解、描述和建立意识的模型？当然也包括最本质、与我们密切相关的问题：意识为什么存在？与人类大脑的默认模式有什么关系？研究表明，大脑的默认模式与自我加工、自我意识有关，而大脑的默认模式有其进化意义，所以研究清楚意识、自我意识与大脑默认模式的关系，对于我们理解大脑的默认模式的功能意义、进化意义有很大的帮助。目前少有研究直接涉及人类意识最深奥的部分——自我意识，如意识如何在自我与外界客体间切换，大脑如何使得意识指向自我等。研究清楚这些问题能够让我们对意识的本质有更好的认识，从而加以利用。世界的存在本质离不开意识的界定。对意识本质的深入研究，将使人类对物质世界的理解跨入一片新的天地。

重点研究方向：与部分神经科学研究重点高度交叉，见第一章相关内容。

（二）自我意识与自我相关信息的加工

“什么是自我”一直是哲学家和心理学家感兴趣的问题，也是人类对自身认识的重要问题之一。在过去的10年里，认知神经科学领域的科学家，运用脑成像技术，如fMRI和ERP技术，开始从神经科学的角度探索自我的本质及其神经基础并取得了重要进展。这些研究集中于三个方面，即自我参照加工、自我面孔识别和自传体记忆。自1999年以来，运用脑成像技术和神经心理学方法对自我进行研究的工作超过了100项。这些原创性研究对传统的关于自我的认识提出了挑战，显示了科学界对自我问题的高度关注。

关于自我加工的研究主要使用用来描述个人特质的人格形容

词、与自我有关的记忆、情绪刺激以及自我面孔等刺激，确定参与自我加工的特定大脑结构，发现大脑皮层中线结构与皮层下中线结构形成紧密交互的联系，整合成一个系统，成为人类表达和加工自我的神经基础。自动化加工和控制加工机制是社会认知研究的重要问题，也是目前研究者研究社会认知的基本出发点，有研究者也从这个角度分析关于自我的加工，认为自我参照加工和自我面孔识别是由自上而下的机制控制的，而图式化的自我知识的加工是自动的。自我面孔识别是关注外部世界的过程，而自我参照加工和自传体记忆则是关注自我内心世界的过程。未来的社会认知神经科学研究将更准确、更精细地确定上述不同的加工机制，检验传统社会心理学的基本理论，从神经科学的角度研究我们关于自我的心理活动的加工。

最近的脑成像研究还发现，文化塑造和改变了自我的神经结构。研究发现，西方人和中国人的自我参照加工（对描述自我人格的形容词作判断）都引起特定脑区（内侧前额叶）的激活，但强调人与人之间关系的中国文化也塑造了特殊的自我的神经结构，表现为用内侧前额叶来表征与自我有密切关系的他人（如母亲），而强调人与人之间独立关系的西方文化却造成了自我与亲近的他人在神经活动上的分离。宗教信仰作为一种文化也对自我参照加工的神经机制产生一定的影响。例如，基督教强调上帝的旨意在对人的判断中的重要性，使得基督徒在自我参照加工中更多地使用从他人角度出发的评价过程，从而导致主要是背侧内侧前额叶参与自我参照加工。参与自我加工的神经机制也受短时间的心理学启动的影响。例如，大脑右侧额叶参与自我面孔识别的神经活动在强调东方互依型自我的短暂启动后会被显著削弱。

虽然目前关于自我的研究已经积累了一定的脑成像数据，但是该领域仍然有一些重要的问题需要解决。第一，我们需要新的研究自我本质的实验范式。第一人称视角的经验，即“我”的经验，是真实存在的，它不同于支撑该经验的、可以从第二人称视角观察到的神经过程。“我”可以从第一人称视角直接知道和报告“我”的心理活动，但是不能从第一视角直接知觉、经验“我”的大脑神经活动。这个哲学上存在已久的问题又被社会认知神经科学重新提了出来。虽然目前已经有越来越多相关的研究报道，但学者认为，目前的研究发现，自我相关的认知加工涉及广泛的脑区与理解他人心理、推理等涉及的脑区有重叠，也与大脑静息状态的脑活动相似。那么，自我加工特异的神经活动到底是什么？到底从什么样的角度来理解自我神经表征的特异性？解决这些基本的重要问题需要新的心理学实验范式。第二，目前关于自我的研究主要集中比较自我与他人的差别，把对他人的知觉仅仅作为一个对照条件，而忽视了知觉他人社会属性的神经基础。因此，将来的研究也应当关注他人知觉的神经机制，把对自我和他人加工的神经基础作为一个研究课题，可以更好地帮助我们了解自我加工神经机制的社会本质。

目前，我国在关于自我的文化神经科学研究方面处于国际领先地位。我国学者在国际学术刊物上最早发表了关于自我加工神经机制的东西方文化差别、自我加工神经机制的宗教文化差别、自我加工神经机制受文化启动的影响等一系列研究成果，并从哲学、心理学和神经科学等方面阐述了东西方文化在自我概念上的系统性的差异。将来的研究应该进一步结合中国文化，特别是中国哲学关于自我的观点和其对中国人社会行为的影响，阐明文化对自我加工神经机制影响的规律，特别是文化不变和文化敏感的脑区的功能意义，以及这些脑区对文化及其发展的影响。未来的研究应进一步开展东西方文化的比较研究，阐明西方独立型自我和东方互依型自我各自的神经机制及其对人类其他认知加工（如创造性思维）的影响。未来的研究也应当从认知神经科学的角度开展关于中国少数民族文化对自我加工的影响的研究，这对某些少数民族的研究具有迫切的现实意义。关于自我的社会认知神经科学研究成果，有可能为提出兼具中西方文化优点的“健康的自我”的教育政策等提供科学依据。

重点研究方向：与部分神经科学研究重点高度交叉，见第一章相关内容。

（三）文化与人类认知的心理和神经机制

人类进化的特点之一是人类通过社会活动不断改造环境，其自身的社会生活也越来越多地依赖于自己创造的环境。在现代社会中，儿童发展的环境绝大部分是人类自己制造的。然而，不同文化人群对生存环境的改变有着巨大的差异，这种差异不仅表现在物质环境上（如城市建设等），也更多地表现在文化环境上（如社会规范、宗教信仰、道德标准等）。近年来，跨文化心理学家在比较和发现不同人群的心理活动和机制上取得了大量的实验数据，这些研究主要比较具有东西方文化背景的人群在知觉、注意、记忆、社会认知等方面的差异。东方文化人群主要来自中国、日本和韩国等亚洲国家，西方文化人群主要来自美国、加拿大等北美国家。这些研究的发现提示，具有东方文化背景的人在知觉任务中更容易关注外在刺激的整体属性和背景的变化，在自我概念上更强调人与人之间的社会关系，在分析社会行为的原因时强调社会环境对个人行为的影响，在需要合作的任务中，更容易从他人的视角来看问题。与此不同，具有西方文化背景的人在知觉任务中更容易关注外在刺激的局部属性和凸显于背景的物体变化，在自我概念上更强调个人内部特质对社会环境和社会关系的独立性，在分析社会行为的原因时强调个人内部特质对个人行为的决定性作用，在需要合作的任务中，不容易从他人的视角来看问题。

这些跨文化心理学的研究成果提出了一个十分重要的问题，即在多大程度上与不同认知任务相关的神经机制也会受到文化的影响。以往神经科学研究的主要目标是发现具有一般意义的认知活动的神经机制，特别是以动物为研究对象的实验很少考虑文化环境对其研究结果的影响。然而，近年来越来越多的神经科学研究证据表明，神经系统存在显著的可塑性，大脑在发育过程中受到外界环境显著的影响，即使是成年人的大脑，也存在相当程度的可塑性。结合跨文化心理学和神经科学的研究结果，研究者开始考虑人类创造的文化环境在多大程度上改变和调节人类心理活动的神经认知机制。

现代神经影像技术与跨文化心理学的结合，在这一领域取得了一些重要进展。研究者发现，在加工独立于背景的物体时，美国人被试比亚裔在两侧颞中回、左侧顶叶和角回等脑区产生更强的神经活动。例如，在一项注意任务中，研究者发现，虽然美国人和亚裔被试都显示一个由大脑顶叶和额叶组成的神经网络参与对背景和物体的加工，但是亚裔被试的这个神经网络在注意背景的任务中比在注意物体的任务中显著增强，而美国人被试的这个神经网络显示出相反的结果，表明文化的作用之一是降低相关神经组织在文化熟悉任务中的参与，节省神经资源。这些脑成像研究的发现，让我们对文化与社会行为的神经基础重新思考，也在文化的框架中让我们重新思考神经可塑性的问题，特别是文化对高级社会认知功能神经机制的调控的规律，这是一个十分重要的科学问题。在这些研究成果的推动下，文化与人类认知神经机制关系的研究成为认知神经科学的热点之一。一些重要的认知科学和社会心理学学术刊物已经开始出版这方面研究的专辑，向不同领域的研究介绍相关的最新研究成果。

现有的文化对人类认知神经机制影响的研究加深了我们对自身的认识，也为从神经科学的角度理解人类不同文化群体之间认知和行为的差异提供了依据。但是，这一领域的研究刚刚开始，仍然有大量的重要问题需要解决。例如，对文化敏感和文化不变的神经机制如何影响人类的认知和行为？文化的哪些方面在调节心理和神经机制中起更大的作用？文化对心理和神经机制的调节如何与其发育过程相互作用？随着全球化经济的发展，世界范围的移民越来越多，移民的年龄范围也越来越大，每个移民在一个新的环境里，都面临新的文化环境带来的挑战，一个更重要的问题是，新的文化环境在多大程度上能够改变人的心理加工机制？这些变化的神经基础是什么？新文化环境的影响在多大年龄的人群中会发生？相关的研究无疑对理解大脑神经机制可塑性有重要的科学意义，另外，也为如何帮助移民更好地融入当地文化和社会提供科学的理论依据。

现有的神经影像研究结果也提出了短暂文化启动对人类大脑心理活动和相关神经基础影响的可能性。有研究者使用神经影像技术记录大脑与自我面孔识别相关的神经活动，发现大脑右侧额叶的活动强度在自我面孔识别中显著增强；但是，这一与自我面孔识别以及自我意识相关的神经活动受到短暂文化启动的显著影响：在西方文化自我特质的启动后，大脑右侧额叶的活动明显增强；而在东方文化自我特质的启动后，大脑右侧额叶的活动减弱。另外一项研究也发现，短暂的文化自我特质启动也能调制与知觉加工有关的视觉皮层的活动。这些研究结果表明，以往被认为是不变的认知加工的神经机制可能会在短暂的时间内被外界因素改变，文化对认知加工神经机制影响的范围可能很广，从基本的知觉到复杂的与社会交往有关的社会认知的神经基础。文化启动研究的发现，一方面，为大脑神经活动依赖与社会文化环境的可塑性提供了直接的神经科学证据；另一方面，这些神经科学的发现对于其他领域有不可估量的意义。例如，对教育的理解，对不同文化背景人群的行为和改变的理解，如果从神经科学的角度重新审视，一定会得到新的认识，相应的教育、行为指导等具有实际应用价值的问题，也可能在神经科学新的发现和规律的影响下有重大突破。

重点研究方向：与部分神经科学研究重点高度交叉，见第一章相关内容。

（四）行为与认知的遗传学基础

在分子遗传学和“人类基因组计划”的推动下，人类的遗传信息不断被破解，使得科学家们开始从基因的角度来理解遗传与环境的交互，以及它们对人类智能的调控。认知能力形成与发展的遗传学基础，成为这一领域的核心问题之一。从20世纪开始，随着遗传学的迅速发展，科学家们不断地发现遗传物质作用于认知能力的证据。

行为遗传学在遗传学和行为科学之间搭起一座桥梁，开辟了研究遗传作用与认知能力关系的新途径。行为遗传学的主要研究对象是双生子，双生子是探索人类各种行为特征的遗传基础的一个宝贵资源。通过比较同卵双生子和异卵双生子的差异，不仅能直接了解遗传的影响，深入研究人类的行为表现和心理特征的遗传机制，还可以开展各种疾病的遗传流行病学研究。迄今为止，对双生子认知能力的研究主要集中于智力和语言，人类的智力，即智商，有着相当高的遗传度。多项研究表明，语言能力也有很高的遗传性，遗传度超过了0.5，并且语言能力的早期发展也受到遗传的影响。行为遗传学的研究还发现了其他认知功能与遗传的关系。例如，研究提示人们识别面孔的能力在很大程度上是由先天决定的；还有研究发现，在完成一项空间的工作记忆任务时，同卵双生子实验成绩的相似程度高于异卵双生子，说明遗传影响了工作记忆。研究者还发现，人们进行风险投资及与他人合作的决定判断都受到了遗传的影响，而并非完全由外界环境决定。

研究者还把脑成像技术与行为遗传学的双生子研究范式相结合，研究遗传与大脑结构的关系。研究者们首先发现遗传联系越紧密，大脑结构的相似程度就越高，特别是在语言区和额叶，其中额叶的灰质容量和智力有着显著的正相关。进一步研究发现大脑中存在一个广泛的受遗传调控的神经网络，并且网络中的各个区域和人类的智力具有共同的遗传起源。研究人员运用功能核磁成像技术记录了多对双生子在加工图片时大脑的活动，发现遗传对面孔和地点的加工有显著的影响，对物体和文字的加工的影响较小。双生子的脑成像研究能够告诉我们大脑的哪些区域以及哪些活动是受遗传影响的，但这仅仅是一个开端，人们更想知道哪个（些）基因在调控大脑的形态与功能，以及这些基因的变异会导致大脑出现怎样的变化。现在，借助遗传影像学可以为回答这些问题找到更有力的线索。

研究者们已经发现了脑源性神经生长因子、MAOA（单胺氧化酶基因）等一些与脑结构发育相关的基因，为大脑特定结构发育的遗传性提供了直接的证据。例如，研究发现两种X染色体特异的MAOA的变体与大脑容积相关，低表达的变体能够预测一定的扣带回、杏仁核、脑岛、海马容积的减少，而高表达的变体则与前额脑区底部容积正相关。另外，很多研究观察到了单个基因对大脑某些功能的影响，如5-HT（5-羟色胺）与注意的关联、ApoE对情景记忆的影响，以及最近找到的KIBRA与记忆内容提取的相关。在一项将基因、大脑和行为联系起来的研究中，研究者们发现，一对编码大脑蛋白质KIBRA的等位基因和被试的记忆成绩有显著的相关，同时基因表达的研究结果显示KIBRA确实是在与记忆相关的脑区中表达，进一步的功能核磁成像研究发现，KIBRA基因型不同的被试在提取记忆内容时海马的活动是不同的，这些结果都一致地表明KIBRA和人类的记忆有关。

研究者也针对存在认知障碍的患者及高危人群开展了遗传影像学研究。例如，对阿尔茨海默病患者的研究发现，他们的S100β蛋白浓度显著高于正常人，特别是他们海马中的该蛋白明显增多；同时，该病症最先出现的症状是方向感的受损；并且患者最先受影响的脑区是海马、顶叶和内嗅皮层，而这些区域对于空间信息的加工有重要的作用。这些发现提示，S100β蛋白的基因通过这种蛋白影响了大脑的一些区域，进而影响了大脑对空间信息的加工，最终影响了方向感这一外部行为。但是大量的事实告诉我们，在基因作用于我们的大脑和行为的同时，环境的作用也是不容忽视的，许多后天因素也在塑造着我们的大脑和行为。就以空间方向感而言，除了受到S100β蛋白的基因的影响，还会受到经验的影响。Maguire等曾经对伦敦的出租车司机的大脑结构与控制组（非司机）进行过对照研究，结果表明，出租车司机的海马后部体积显著地大于控制组的海马后部体积，并且这种差异存在着随出租车司机从业年限的增长而增长的趋势。此前已有研究报道过海马后部是人类和动物储藏空间导航记忆的地方，这样一来，也就不难理解出租车司机海马后部体较非司机出现的显著差异，这正是其长期空间导航经验累积的结果。

环境不仅塑造我们的大脑，对行为表现的塑造作用也是十分明显的。心理学家们对收养家庭的研究发现，遗传上毫无联系的养父母与其收养的小孩之间以及这些被收养的小孩之间，他们的智力、语言能力都有一定的相关，这表明共同的环境的确使他们的认知能力更相似了。而对在不同环境中成长的同卵双生子的研究也从另一个侧面证实了环境对行为的影响，遗传完全一样的两个人，环境的不同使得他们的智力测验成绩的相关性显著地下降了。

目前，多数学者认为遗传与环境共同作用于人类的大脑并影响其感觉、注意、记忆、思维等心理活动。Plomin 等对各个年龄段的双生子的纵向研究证实遗传和环境都影响了认知能力的形成和发展，遗传的作用会随着年龄的增长而加大，环境的作用则主要体现在非共同环境因素上。近年来很多研究表明，遗传和环境的作用并不是简单的叠加，而是呈现出一种交互作用，遗传会影响人们对环境的选择，而选择的环境又会影响遗传的表达。

虽然研究遗传和环境对认知能力的影响十分重要，但目前的研究存在两个主要的问题。一是研究内容多局限于智力、语言等方面，对于更基础的认知过程（如客体识别）以及更高级的过程（决策、学习）却鲜见报告。二是迄今为止大量的研究都在通过研究个体间的共性来关注遗传、环境对于人们认知的一致的影响，然而研究个体间的差异对于我们理解遗传和环境的影响也是十分重要的。因此，在前人研究的基础上，采用新的技术手段、以新的研究角度来探索遗传、环境对认知能力的形成和发展的作用，具有重要的科学意义。

重点研究方向：与部分神经科学研究重点高度交叉，见第一章相关内容。

（五）人类的决策与行为

人类生活在一个充满着不确定的世界里。即便在科技日益发达的今天，我们仍然不知道孕育我们生命的地球会在何时、何地发生地震；我们仍然不知道如何治疗癌症、艾滋病。更为严峻的考验是，环境的加速变化对人类的适应能力提出更高的要求，一个人在短暂的生命周期里就需要面对人类历史从未经历过的不确定，如不断出现的新疾病（如SARS、甲型H1N1流感）、全球加速变暖可能造成的严重的生态和社会经济后果。不管是从个体层面还是从群体层面，人类要生存下去，必须适应这个充满未知和不确定的世界。

更好地理解和把握人们在不确定环境中的反应特征和行为规律，在个体层面和社会层面上都具有重大意义。在个体层面上，决策是对行为的选择——选择做什么或者不做什么，是人类的高级认知活动之一。百年来决策研究已对心理学、经济学、法律、医学、政治学、哲学、会计、金融、市场营销及组织管理等应用领域产生了重要和深远的影响。但以往决策研究更多关注风险决策规律，即决策者在对未来情况确知各种决策后果以及各种后果出现概率情况下的决策，但人们如何在不确定的情景中进行决策，学界对其研究较少。这不但是经济学和心理学非常关心的未解之谜，而且也是更具有现实指导意义的科学问题。毕竟在大多数情况下，信息是不确定的，我们并不知道事件发生的概率。对不确定情景中的决策进行研究的意义正如美国国家科学院学者所指出的："没有哪一项基础科学的研究目标能比'了解人类是如何思维、解决问题、作出决定、并且如何改进我们解决问题和制定政策的能力'这一研究目标更有前景、更为重要。"心理学家Daniel Kahneman于2002年获得诺贝尔经济学奖，原因即是他"把心理学的、特别是关于不确定条件下人的判断和决策的研究思想，结合到了经济学中"。可见，不确定性环境中的行为规律研究在企业组织管理、市场营销、工业设计、交通规划以及文体教育医疗等诸多方面都将发挥难以估量的作用。在社会层面上，一个国家、一个企业的战略决策事关这个国家、这个企业的生存和发展。对于国家、企业的战略决策来说，最大的挑战就是诸多因素的不确定。因此，研究人们在不确定环境中的反应特征和行为规律有着重大的意义。

人类如何在不确定的环境中作出适应性反应，从而更好地生存和繁衍下来，是一个重要的科学问题。决策科学、神经经济学、集群行为等众多学科与领域的研究为该问题的解答作出了突出贡献。人类认知的起源和发展根植于人与复杂信息环境的交互作用。在20世纪，心理学、经济学、数理统计、运筹学、政治学、人工智能、认知科学等众多学科都曾得益于决策领域的研究。在行为决策理论问世之后，行为决策研究相继催生了行为经济学、行为博弈理论、行为金融理论、行为法学。这些理论在实验室和现实生活情景中均具有指导意义。

所有生物，从筑巢的蜜蜂到建筑工程师，都必须对未来进行预测，以便决定下一步的行动。风险决策指决策者在对未来情况不完全确定，但是确知各种决策后果，以及各种后果出现概率情况下的决策。而人们如何在不确定的情景中进行决策，一直是经济学和心理学非常关心的未解之谜。为了作出最佳选择，既要考虑各行动结果的潜在价值，又要考虑导致各行动结果的概率。最早关于理性风险决策的研究，源于1654年夏天两位法国数学家Pascal和Fermat以通信的形式对赌博问题进行的一番讨论。他们的通信导致了数学期望概念的诞生，也因此产生了经典的期望价值理论。这一概念作为规范性决策模型的基础和核心在经济学和心理学理论中都扮演着重要的角色。

尽管人们经常从实际的选择中推导出期望价值，但实证性研究却暗示人们其实并不总是根据期望价值最大化的原则作决策，规范性决策模型的系列公理（如独立性、不变性、可传递性公理）一再被违背，如St. Petersburg悖论和Allais悖论等相继被提出。为化解这些不断出现的挑战，捍卫期望法则的合法性，几十年来决策领域涌现出了许多理性期望模型。Lopes将这些规范的决策模型分为两派：一派是起源于Bernoulli的效用加权模型，另一派是由众多研究者各自提出的等级决定价值模型。在决策领域的理论发展过程中涌现了许多自认为不同的、或规范性或描述性的决策模型，这些主流的决策模型实际上都只研究及采用了一种评价法则——期望法则。证明期望法则具有合法性的理念一直驱动着这个领域里的大批研究者，他们通过对客观风险结果或者对结果的客观概率作适当的主观转化，派生出各种理性期望模型，以证明期望法则的切实可行。

“齐当别”抉择模型也一直尝试从行为水平上揭示人们的决策过程。这一抉择模型接受Simon“决策者不是无限理性”的假定，并提出最终的决策只能在有限的维度上进行。左右人类风险决策行为的机制不是最大限度地追求某种形式的期望值，而是在某种形式上辨察选择对象之间是否存在优势性关系。该模型将人类的抉择行为描述为一种搜寻一个备择方案的过程，且该方案在主观上优越于另一备择方案。为了利用“弱优势”原则达成决策，人们必须在某一维度上将差别较小的两个可能结果人为地“齐同”掉，而在另一维度上辨别差别较大的两个可能结果作为最终抉择的依据。由于“齐当别”抉择模型只是以主观效用值为标准在各个维度之内进行“齐”和“别”，忽略了概率信息，这使得“齐当别”抉择模型不同于决策领域众多模型，在解释不确定条件下决策时变得游刃有余，有着更强的解释力。

有关不确定性的未来研究应该结合情绪、认知和社会等因素。这样的整合研究必将加深我们对理性和适应性的理解，同时也为今后几年产生重大创新性成果提供肥沃的土壤。结合我国国情，我们还应探讨跨个体、跨领域、跨文化的差异，并在此基础上研究符合我国国情的个体决策特征，建立中国人不确定性决策行为的解释和预测模型，为正处于社会经济变革时期的各级政府部门的科学决策提供心理科学依据。

不确定环境中行为的机制探讨则要借助神经经济学的研究技术和方法。从1990年至21世纪早期，在行为决策及行为经济学领域和认知神经科学领域的交互推动下，诞生了一门新的学科——神经经济学。神经经济学综合运用神经科学、心理学、经济学的实验方法和技术手段来研究人类决策行为的神经基础。2002年，诺贝尔经济学奖得主Vernon Smith在其获奖演说中明确指出：“新的大脑影像技术激发神经经济学去探索大脑的内在秩序及其与人类决策（包括固定赌注的选择，也包括以市场和其他制度规则为中介的选择）之间的关系。”神经经济学自诞生起就成为21世纪以来神经科学和经济学最受关注的领域之一。多个顶级学术期刊先后发表专辑，评价神经经济学领域的研究进展与成果。目前，美国和欧洲各大学与研究机构先后建立神经经济学相关实验室，神经经济学领域也创立了国际神经经济学协会和学术会刊。

神经经济学是国际上神经科学及决策领域最热门的研究方向之一，可喜的是，我国研究者已经开始从事该领域的研究工作，并已发表了少数研究报告。但是与国际上神经经济学方兴未艾的发展现状相比，我国研究在规模、广度和深度上依然滞后于国际发展水平。在未来5～10年，我国决策与行为研究的重点应放在不确定性对决策的影响上，研究的根本出发点是面向国家战略需求，面向世界科学前沿。我们应立足于决策与行为的基础研究，争取使其处于世界一流水平，同时结合基础研究的成果，探索对国家经济社会发展和国家安全具有战略性、全局性和长远性意义的方法和技术。在不确定环境下人类决策与行为研究领域，我们建议开展以下几方面的研究并将其作为优先领域。

1. 基于行为的决策理论与方法

行为决策是以心理学为基础，并与经济、金融、管理等多学科交叉的综合性学科，因此需要综合运用这些学科的研究方法和技术手段。

多年来，行为决策的规范性决策模型一直在经济学、政治学、金融、营销等领域占据着统治地位。许多学者认为，非理性行为无法在市场竞争中生存。风险决策的早期理论是以期望价值为核心探讨理性的决策人应该如何作决策，属于规范性决策模型。但随着 Herbert Simon、Maurice Allais 和 Daniel Kahneman 分别获得1978年、1988年和2002年诺贝尔经济学奖，主流决策文献逐渐改变了“理性人遵照经典决策模型”的一贯臆说，并出现了侧重解释和预测决策者实际决策行为的各种描述性决策模型，该类模型以回答决策人“实际如何作决策”为核心。Simon 提出决策者具有的只是“有限理性”。以 Gigerenzer 为代表的

ABC研究中心从根本上反对无限理性，在发展Simon的有限理性的同时，进一步倡导生态理性研究，即能够与现实环境（包括自然和社会环境）相匹配的理性。他们以有限理性、生态理性为基础提出的“快速节俭启发式”在现实环境的决策中简洁而富有成效。

指导人们进行不确定性决策的究竟是规范性还是描述性理论？检验规范性理论大多采用“决策结果的逻辑一致性”标准。规范性理论认为人们在决策中应遵循一些规范性公理，人们的决策结果要与这些公理保持一致，否则将引发对规范性理论的质疑。与检验规范性理论不同，检验描述性理论大多采用“决策结果的预测准确性”标准。该类研究多将基于理论预测的结果与决策者实际决策结果进行对比，从而检验理论模型是否能准确预测决策者的行为。近年来也有不少研究者企图避开两类理论模型之争，另辟蹊径。

近年来在不确定性决策的研究中，很多研究者提出了双系统作用模型，即基于直觉的启发式系统和基于理性的分析系统。启发式系统加工速度较快，不占用或占用很少的心理资源，容易受背景相似性、刻板印象的影响；分析系统加工速度慢，占用较多的心理资源，遵从逻辑规则。双系统模型认为，当启发式系统与分析系统的作用方向一致时，决策或推理的结果既合乎理性又遵从直觉；而当两个系统的作用方向不一致时，两个系统则存在竞争关系，占优势的就可以控制行为结果。

2. 神经经济学

在该领域的研究中，成果最为丰富的是个体行为与决策的神经机制，其中包括探索传统决策理论及其所定义的各个概念（如价值、效用和概率）、行为决策中一些基本现象（如框架效应、锚定效应、损失规避、时间贴现等），从而寻求行为决策的神经机制。还发现了情绪对决策影响的神经机制，如获得和损失的预期诱发的情感涉及不同的神经机制。此外，也有为数不少的研究试图考察社会决策及其中负责“公平”、“信任”、“道德”等信念的神经机制。近5年来则开始考察精神疾病中异常决策行为的神经机制，以及决策行为的遗传学基础及神经生化基础。发现特定的神经递质和激素（如多巴胺、5-HT、垂体后叶素、抗利尿激素等）及其遗传变异可影响人类决策。

我国研究者已经开始从事该领域的研究工作，利用fMRI比较了在获得和损失条件下时间折扣的神经机制，发现尽管两种条件下均有边缘系统与额顶网络两个系统的参与，但是损失条件下时间折扣的神经机制与获得条件下并不对称；进一步研究则发现，这些脑区间的功能连接可较好地预测个体的跨期选择偏好，而且这些功能连接与个体的个体差异变量，如冲动性、感觉寻求等，存在显著相关。在风险决策的神经机制研究方面，他们发现，相对于以判断为基础的选择，与冲突监控和情感相关的脑区，如前扣带皮层和脑岛，在参与者根据自身偏好进行选择时活动更强，而与任务难度有关的脑区，如内侧前额叶皮层，则在偏好选择时活动更弱。该研究从神经机制上证明，偏好选择并不是如传统决策理论所假设的那样符合代偿性规则，而是遵循伴有更多冲突的非代偿性规则。国内其他研究者使用ERP分别探索了风险选择、后悔的接近效应的神经机制。

虽然近几年利用神经影像技术来探索人类决策与经济活动神经基础的研究逐年增加，并已获得一些有意义的结果，但是对人类决策的行为和认知神经科学的研究依然是一个十分年轻的学科领域。

第一，风险决策的神经机制还没有得到充分理解。近年来的行为学研究已经发现，人们并非是无限理性的，这暗示着人们并不一定像期望法则所预期的那样，对选择对象进行代偿性精确计算，从而对总价值或总效用作出选择。尤为值得注意的是，现有的影像学研究奉行期望法则家族的风险决策理论，导致其仅停留在根据理论的指导去按图索骥地寻找相应概念的神经基础的层面上。这将妨碍对风险决策神经机制的正确理解。

第二，已有研究很少在复杂、不确定情境中系统地综合个体心理特征、群体心理特征和情境特征，以考察各类影响因素的交互作用，这就难以解释人类决策的复杂性。而且一些决策过程具有相当的文化特性，西方心理学和经济学研究所揭示的一些规律并不完全适用于包括中国在内的亚洲国家。

第三，已有研究中各学科的交叉合作才刚刚起步，而人类行为决策涉及经济学、心理学、数学与统计学、认知神经科学、系统科学等许多基础科学，需要建立融合多学科知识的统一理论模型。而且现有研究较少涉及实际应用领域，即使已有的一些研究工作，也多涉及一些国家保密领域，如航空航天、国防军事。

3. 集群行为

我国正处于社会、经济转型的关键时期，在社会发展层面，我们国家未来需要应对诸多新的不确定性因素，必然面临很多新问题、新情况。

一方面，社会变革和转型中社会环境的不断变化，致使社会矛盾更加集中、尖锐。群体性事件自 1993 年的 10 000 起迅猛增加到 2007 年的逾 80 000 起，成为转型期典型的社会问题。在群体性事件中，部分群众与政府对立，以不恰当的方式给当地政府施加压力，使政府投鼠忌器，很难妥善处置。而这种对立冲突行为是科学上可预测、政治上可控制的，对于这种社会冲突，预警优于应急处置。政群对立反映了当地政府公共政策失误或不当行政等缺陷，可以通过调查城乡居民的社会态度来帮助各级政府及时发现公共问题，纠正公共政策失误和不当行政行为，将对立冲突化解在萌芽状态。

另一方面，进入 21 世纪以来，地震、雪灾、传染病等各类不确定事件频发，这些突发公共安全事件引起的心理恐慌后果难以估量，会对国家安全、人民的生命财产和身心健康产生巨大的影响，这一现状致使有关机构需要更为系统地了解在不确定情境中民众的社会集群行为及其规律。目前有关突发公共安全事件的研究焦点主要集中在突发公共安全事件的预警及应激系统上。然而，社会不稳定事件的发生往往出人意料，仓促应对总难免失误。我们还可以从更广阔的视角审视国家行政部门制定公共政策和解决问题的方案的过程，即发现公共问题、针对问题制订相应的政策和解决问题的方案、实施政策和决策。然而，我国公共管理的通病是对公共问题不敏感，解决问题的政策成效差，当在政策施行过程中遇到阻力时，又不得不逐步调整政策，改变应对措施。这是一种亡羊补牢的做法，虽然有效，但难以避免损失。如果在国家公共政策制定和行政决策过程中增加一个了解公众社会态度的环节，不仅可以及时发现公共问题，而且可以及时检查政策施行的成效，公共政策制定和行政决策就能够有的放矢，可接受性就会更高，可以大大减少政策和决策失误。这就是曲突徙薪的做法。有了关于社会集群行为的系统社会态度调查，国家不仅对当前存在的社会问题和社会不稳定因素更为敏感，还可以将各种社会不稳定事件化解于未然。

为了更好地应对外界不断变化的不确定情境，世界上许多发达国家都建立了类似的调查体系。例如，美国从 20 世纪 40 年代起就开展定期的社会状况调查；经济合作与发展组织（OECD）的社会和文化发展署在 20 世纪 60 年代也倡议其成员国成立专门机构，加强对社会状况的监测，并逐步被各国政府所接受。目前多数欧盟国家都定期进行社会变动调查，以了解民意、服务于公共政策制定和行政决策。当然，套用以前的或别国的经验或做法未必有效，因此，在我国文化背景下，通过社会心理学的研究，理解社会转型时期人们在社会不确定事件中的行为特征，这对党和政府出台相关政策和法律有重大参考价值。同时，大规模的、多学科的研究融合，给行为科学的知识基础注入了新的重要内容；网络挖掘与手机调查等新技术的出现也为研究当代民众的社会集群行为提供了新的研究方法。

总之，未来 5 年的优先发展领域包括：人类行为决策的基本规律、主要偏差与决策过程；分析和启发式两种加工系统在不确定决策中的机制；情绪对个体决策行为的影响；个体差异对决策行为的影响；特殊不确定环境（如高风险、高压力、高责任的环境）下个体的决策行为特点及其影响因素；不确定环境下社会决策中的互动策略（竞争、合作、回避等）；情绪对社会互动（如合作、竞争）及其相关认知过程的影响；道德、社会奖赏、社会地位及惩罚措施等因素对不确定环境下社会互动行为的影响；决策行为的神经机制及其神经生化基础；社会互动行为的神经机制及其神经生化基础；神经经济学在精神疾病（如情绪障碍、精神分裂症、成瘾等）中的应用；集群行为的特点与预测；恶性群体事件早期预警系统建设及事后的社会生态系统重建；借助实验经济学和神经科学的研究方法理解人类的决策与判断。

重点研究方向：与部分神经科学研究重点高度交叉，见第一章相关内容。

（六）人类心理的发展

发展心理学的优先领域应是瞄准学科前沿，同时结合国家战略需求。建议优先资助有一定应用前景的应用基础研究，以满足国家战略需求；突出发展的背景、毕生观和神经基础研究，跟踪学科前沿；鼓励设计良好的追踪研究，加强对个体心理与行为的发展变化过程和机制的探讨，突出发展心理学研究的特色和优势。在应用发展科学诸多新理论的基础上，以儿童发展中的现实问题为中心，整合许多学科的科学知识，最终实现个体、家庭及社会的良好发展；国际上由于受生态系统理论的影响，发展背景受到格外关注，但国外的发展背景研究由于文化差异缺乏足够的借鉴价值。生态环境的各个要素（家庭、同伴、早期看护与学校、社区、传媒等）、要素间的关系，以及个体与发展的交互作用方式都需要大量的研究；而由于追踪研究可体现毕生发展观，需要花费较多的人力、物力和时间，因此要求有连续和长期的资助，但同时追踪研究有助于使研究人员保持研究内容的稳定性，作出更深入的研究成果，同时可以培养学术团队。关于人类心理发展的重要问题包括如下几个方面。

1. 从毕生发展角度动态描述和解释人类个体的发展

婴儿心理学可以探查人类各种心理和行为的起源。例如，在语言发展领域，研究者关注语言的产生与词汇获得，如婴儿如何获得表征物体的名词、表征动作的动词，以及不同母语婴儿词汇获得的跨语言差异等；再如，在社会认知发展领域，研究者关注婴儿何时获得心理理论等。此外，研究者关注婴儿期认知和行为对儿童之后发展的影响等。

婴儿心理学的研究也面临着一些挑战。婴儿研究一般实验进度相对较慢，周期较长（特别是追踪研究）；对实验室条件和配置要求较高；因被试年龄偏小的缘故，婴儿研究被试淘汰率较高，且淘汰率与年龄成反比，如针对 3 个月大婴儿的研究，被视淘汰率在50%左右。因此，婴儿心理学研究成本较高，尤其需要长期而稳定的科研经费支持。近几年来，因为眼动技术和脑电技术的成熟，这些先进检测技术也开始运用到婴儿研究中，相应地也需要更大力度的经费投入。不过，由于婴儿研究对研究设计和研究人员的训练要求都比较高，因此婴儿实验室是培养人才的良好平台。

建议同时开展个体发展过程中各种过渡期的研究。发展过渡期是发展中一些具有特殊重要意义的时期，如两三岁孩子的入园准备、六七岁儿童的入学准备、童年中后期的“小升初”过渡、中学升大学的入学准备、大学生毕业前的职业成熟度、新手父母、产后抑郁、中年危机、退休适应、成功老化等问题。以儿童入学准备为例，美国国家教育委员会提出的儿童入学准备包括五个领域：认知和一般知识、学习方式、情绪与社会性、言语能力、身体健康及运动技能的发展。那么如何对儿童的入学准备进行评估？影响儿童入学准备的因素有哪些？这些都是发展心理学家应该研究的问题。再如，老年心理学的研究关注发展的连续性和非连续性问题，以及个体生活历史对老龄化个体差异的预测等。

开展特殊儿童发展的研究，关注发展中的个体差异。建议开展针对特殊儿童的应用基础研究，启动一些针对特殊儿童或弱势儿童（如超常、低常、聋儿、自闭症、学习困难儿童、行为问题、单亲家庭儿童、农村儿童、城市贫困儿童、发展障碍儿童等）的发展促进项目。使所开展的研究为所有的中国儿童服务也应该是每个中国发展心理学家的责任。这些应用研究需要基础研究的支持。例如，了解自闭症儿童与正常儿童的心理理论，有助于对自闭症儿童进行科学的干预。

2. 关注社会行为发展和科学教育中的心理学问题

（1）社会行为中的心理学问题

2005年7月，《科学》杂志提出了125个关于21世纪科学领域的“天问”，其中25个最重要的问题中包含“合作行为是怎样进化的”这一问题按照复演说，个体心理发展可以看做是一系列或多或少复演种系进化的历史。人类进化史上最早出现的活动在个体发展上最早表现出来，比较高级的出于意志的活动要到年龄较大时才有。那么，与之相应的问题就是合作行为是如何发展的。可以说探讨儿童合作行为的发展正是从个体发生的角度来阐释合作行为的演化。

国外研究者已经开始研究婴儿的亲社会行为。例如，研究发现，12～27个月的婴儿有时会对他人的悲伤情绪（或对见到的悲伤事件）作出移情或安慰反应，18个月的婴儿会对陌生成年人作出利他性帮助行为，会常常在不加敦促的情况下和他们的父母以及不熟悉的人分享各种物体。2岁的儿童还会帮助母亲照看弟弟妹妹，并自发地做家务。儿童的亲社会行为仍然需要多学科交叉的研究。一些研究者提出，人类的亲社会行为也具有一定的生物基础。行为遗传学家和内分泌学家的研究表明，基因和荷尔蒙会影响我们的行为，他人对此又会有相应的反应，从而创造了一种影响我们人格发展的社会环境。尽管并不存在单一的利他基因，但的确有一些特定的情感、行为能力（倾向）是某些基因的特定组合的产物。例如，有研究表明，人们在经济决策中的平等行为有遗传成分。一项美国和瑞典的双生子研究表明，同卵双生子在信任博弈中的行为表现更加相似，其中美国被试的合作特质有20%可由遗传解释，而瑞典被试的这一比例为10%，体现了基因和文化的共同作用；还有研究发现催产素会影响人的信任行为和合作行为，并可能通过提高人的移情和观点采择能力而增加人的公平或慷慨行为。另外，对于亲社会行为，特别是利他性帮助行为，研究者开展了一系列的跨物种比较研究，对比了人类婴儿和黑猩猩在相似情境中帮助行为的表现，这也成为探讨儿童亲社会行为发展的新视角。国际上已兴起了发展社会神经科学，儿童利他行为的神经机制和认知机制应该得到更多的重视。

攻击性行为是亲社会行为的反面，是动物及人类社会中普遍存在的行为，是指有意针对他人的敌视、伤害或破坏性行为。攻击性行为有多种表现方式，包括身体、心理或言语等。攻击性行为因其会产生不良的社会影响而受到普遍关注，但仍有大量未知问题急需解决。对儿童攻击性行为的深入研究不仅有助于认识攻击性行为的发展机制，有利于促进对攻击性行为和后期可能导致的反社会行为的早期干预与控制，而且有助于儿童的社会化发展，有助于培养儿童的亲社会行为。

儿童青少年冒险行为/危险行为应该是心理学尤其是发展心理学关注的领域。冒险行为是个体在不确定情境中对不同任务的选择，是个体在面临趋避冲突时为了趋近有价值的或更有利于满足个体需要的结果而采取的带有危险性的行为。青少年的冒险行为多为涉及躯体感受和日常生活选择的消极冒险行为，如吸烟、酗酒、吸毒、打群架等；儿童的冒险行为多与户外游戏和日常活动有关，且经常引起儿童意外伤害事故的发生。儿童青少年意外伤害大多与其冒险行为有直接关系。长期以来，儿童青少年冒险行为的研究多见于流行病学和公共卫生学领域，且多为现状调查和干预建议的理论探讨。2009 年国家科技支撑计划的项目指南将“我国青少年危险行为的评估、预警与干预”列于其中，意在研制中国青少年危险行为的临床早期识别和预警系统。因为探明儿童青少年冒险行为的表现及发生机制对于预防和干预有重要意义，且心理学的实验研究、认知神经研究和心理测量研究的方法和技术手段对探索冒险行为内在机制有独特优势，所以心理学对儿童青少年冒险行为的深入探索将会起到更为重要的作用。

已有研究显示，言语能力、执行功能及额叶和颞叶机能缺陷与攻击和暴力有关。多项运用执行功能测验任务进行的研究表明攻击性个体具有执行功能缺陷，执行功能缺陷甚至可以将稳定的、连续的攻击性个体与非连续的攻击性个体区分开来。此外，运用神经成像技术（如PET、fMRI）的研究显示，攻击、暴力或反社会个体的额叶区域存在功能缺陷。攻击性行为的生物基础是攻击研究的一个重要方面，目前受到关注较多的包括5-HT、儿茶酚胺以及荷尔蒙等神经物质。例如，大量研究表明，5-HT水平与攻击性行为呈负相关，以同样方法对儿童研究的结果却不尽一致。这些差异可能是由于年龄的发展所致，因为5-HT的水平与年龄相关。还有研究表明，严厉的家庭教养方式与血小板中5-HT2A受体的浓度降低有关，从而引发儿童更多的攻击行为。儿童攻击和亲社会行为的发展机制和干预或促进方案将是一个有意义的研究领域。在以上研究中，个体的自我调节能力应当得到重视。从一定意义上讲，发展过程可以视为自我调节能力增长的过程，个体从依赖外部调节到反应性自我调节到自主性自我调节，经历了一个从功能依赖个体到功能独立个体的发展历程。自我调节能力的发展可能是儿童社会行为呈现的中介变量，因此，个体不同水平的自我调节能力是发展心理学研究的重要主题，这包括：童年早期的认知、情绪和行为调节；童年中后期及青少年的目标意识和目的性自我调节；影响儿童自我调节能力发展的背景因素；自我调节能力对未来发展的预测作用；儿童从低级自我调节能力向高级自我调节能力的转化过程等。

（2）教育科学中的心理学问题

科学教育中的心理学问题很广泛，包括：儿童的语言、学习、记忆、思维、因果推理等；研究儿童在科学知识领域的朴素理论，了解儿童现有的认知发展水平，以便因材施教，帮助儿童进行科学概念的转化；儿童语言能力发展对科学概念发展的影响；儿童的数学能力发展等。科学教育中的另一个重要方面是培养科学创新精神和创造力。我国中小学教育的重点仍停留在知识的简单传授和积累上，而在学生创造力的培养和促进方面存在明显不足。另外，如何提高学生的学习兴趣和动机，提高科学教育的效率和效果也是发展和教育心理学研究的重要内容。据经济合作与发展组织的一项调查结果显示，被调查的32个国家和地区的学生的平均厌学率为48%。我国不同地区学生的厌学情况虽有所不同，但厌学情况也是相当严重的，厌学率为30%～50%。如何提高儿童的学习动机是一个亟待解决的问题。

3. 发展心理学与认知神经科学和行为遗传学的交叉

认知神经科学的重大技术和方法革新，使得探索个体发展和脑发育之间关系成为可能。对成人的研究能使我们看到特定大脑系统与某些认知功能之间的联系，但不能完全回答这种联系是如何形成的。而且，许多成人大脑中的典型神经反应是儿童大脑中没有的或者是不同的。未来发展心理学的研究应直接关注大脑结构和认知功能之间的关系，揭示发展过程中特定神经反应模式的发生、发展特点与规律。揭示学习和发展过程中的神经活动变化，不仅能够丰富和修正认知神经科学的理论，而且也为探查特定神经反应的可能原因提供了途径。

发展认知神经科学是一门利用心理学、神经科学、认知科学、遗传学和社会科学等多个学科探讨大脑发育与认知发展之间关系的学科，包括行为研究、神经成像、分子遗传学、计算模型、单细胞记录、神经化学分析等，重点从多个角度或水平（从分子到系统水平）评估正常与非正常的、人类以及其他物种的认知发展过程。已有研究对儿童的认知神经机制进行了研究。例如，研究发现，儿童大脑神经突触的成长呈倒“U”形。新生儿的突触密度较之成人要低，然而在出生后的几个月中，婴儿大脑中形成大量的突触；到4岁时，突触密度达到顶峰，并超过成人脑中突触总数；到青春期左右，剪除过程使得突触在数量上减少，这种减少过程持续到成年期，达到成熟水平。发展认知神经科学的研究表明，特定的基因可以影响神经突触的剪除和成熟过程，进而影响个体从环境中学习的能力。发展认知神经科学的研究同样揭示了学习经验是如何影响基因表达的。这些都是重要的发现，这方面有待解决的问题还很多。

行为可塑性是指为适应积极或消极生活经历而改变的能力。大脑也具有可塑性。可塑性是脑在与环境相互作用的过程中不断修饰自身以适应环境变化的过程。这种可塑性发生在脑结构的各个层次上和脑功能的各个水平上。研究已经表明，脑神经系统在从细胞到皮质回路的各个层次上不断发生着协调、可塑性的改变，但我们至今对这些变化的条件和可塑性发生的形式所知甚少。了解脑的奥秘——脑如何发育和成熟，智力和创造性怎样产生，大脑是如何随特殊的经验（如阅读、音乐学习）发生变化的，学习、记忆等高级认知功能的神经机制是什么，脑的退化由什么原因引起，怎样才能促进脑的再生和修复——对所有这些问题的回答，都将取决于我们对神经系统发育和可塑性基本机制的了解能否取得突破。

发展行为遗传学是发展心理学、遗传学和医学等学科的交叉学科。行为遗传学研究人类复杂行为现象的遗传机制，探讨行为的起源、基因对人类行为发展的影响，以及在行为形成过程中遗传和环境之间的交互作用。行为遗传学研究已经证明基因对正常与异常行为的产生和发展都存在着确凿的影响。

重点研究方向：与部分神经科学研究重点高度交叉，见第一章相关内容。

（七）心理健康

人口素质和国民健康直接关系着一个国家的经济发展和社会进步，也直接影响到构建和谐社会的进程。开展并加强心理科学的研究是满足这一国家重大战略需求的必由之路。全民健康和全面健康是党的十七大报告中提出的中国特色社会主义现代化建设的重要目标。全面健康的含义不仅包括身体健康，还包括心理健康。世界卫生组织根据《联合国宪章》明确界定："健康不仅仅是没有疾病、不体弱，而是一种躯体、心理和社会功能均良好的状态。"基于这种新的理念，发达国家的健康体系已开始向全面健康和预防为主的方向发展，不仅关注疾病治疗和身体康复，同时重视心理健康促进以及身心健康的和谐统一。

心理健康并不仅仅是指没有精神疾患。世界卫生组织明确指出："心理健康是指个体对自身能力有充分了解，能够正确应对生活压力，能够有效率、有效果地工作，能够为社会作出贡献。"在发达国家，这种观点已被普遍接受，并对保障国民健康和素质起到了重要的作用。因此，在日常生活及社会条件与环境发生改变的情况下，人们都能保持正常的认知功能和积极的心理状态。不仅要重视预防和治疗抑郁症、精神分裂症、强迫症、孤独症、创伤性应激障碍等严重的疾病；还应该重视解决更多人群中存在的心理疾患或精神疾患的前驱期的问题（如过度的紧张与焦虑等）。

我国的实际国情导致心理疾患多样，而且人数众多、原因复杂。20世纪70年代末，随着我国的对外开放，蜂拥而至的西方文化从物质层、制度层到观念层由浅入深地强烈冲击着我国传统文化的根基，震撼着人们长期构筑的精神世界。社会变化的快速性、广泛性以及急剧性，使得人们把更多的目光投向心理疾患。当外界刺激过于强烈或长期反复出现、超出能够承受的极限时，就会造成病理性损害。中国有1.2亿名流动外出务工人员，多为青壮年，都是农村家庭的支柱；而在留守人群中，妇女有4700万名，儿童有2300万名，老人有1800万名。中国的农民大规模地从贫困地区进入相对富裕的城市工作，会产生一定程度的心理失衡。移民背后的农村留守人群，也同样属于精神障碍高发人群。家庭结构的改变往往是导致精神障碍的潜在危险因素。中国的快速发展使得都市化的脚步加快，都市化使大批白领面临激烈的竞争和业绩的压力，许多人都有过这样的体验：不愉快、憋闷、失眠，对以前爱好的活动现在却提不起精神等。这都是抑郁的表现。都市白领是抑郁症高发人群。

儿童时期的家庭教育、父母的养育方式是形成心理疾患的重要原因。独生子女承担了父母更多的期望，父母给予了他们更多的爱，同时不自觉地也希望索取得更多，如荣誉、面子等，这可能会使孩子感觉不平衡、不对称，从而产生叛逆，因此也表现出一些性格及心理上的偏差。不少独生子女表现为娇气、任性、以自我为中心、食欲不振、神经质、缺乏独立性，个别的表现为自私、嫉妒、孤僻、内向、缺乏社会能力等。所以独生子女也是心理疾患的高危人群之一。由于我国人口众多，精神和心理疾患患者的基数也较大。例如，我国有精神分裂症患者约800万人，处于高危期的人群也相应较多。如果能够阻止或推迟这些人群心理疾患的发生，将会使我国避免很多损失。

现代疾病谱的一个重要特征是心理疾患、精神性疾病的发生率迅速上升。可以预期，随着物质生活水平的提高，人们更加关注精神方面的需求；随着网络和信息化技术的高速发展，人们将更多地生活在虚拟社会与现实社会的冲突之中，由此产生的心理和精神健康问题将是未来社会所面对的巨大挑战。其中最核心的问题包括以下几个方面。

1. 心理疾患和精神疾患的前瞻研究

从基因-脑-行为-认知的角度，研究脑认知功能、心理活动及其神经机制，是心理学未来发展的首要任务。而防治心理疾患或精神疾患的前瞻的核心问题定位则是寻找心理、精神疾病发病的生物学基础，实行早期诊断和早期治疗。通过研究遗传与环境因素的相互作用在心理、精神疾病发生发展中的规律，寻找潜在的病因，建立用于监测心理疾患、精神疾患的在体分子标记和心理、行为学检查方法的整合技术，实现心理、精神疾病的早期诊断，通过药物或非药物手段对心理、精神疾病实行早期干预和治疗，从而降低我国人群的心理疾患和精神疾患（如抑郁症、精神分裂症和轻度认知损害等）的发病率，提高国民的智力和科技创新能力，促进和维持认知与心理和谐，这是未来10年心理健康研究的目标。

根据世界卫生组织推算，中国心理、神经、精神疾病负担到2020年将上升至疾病总负担的1/4。我国目前精神疾病患者约有1600万人，主要是精神分裂症和抑郁症患者。此外，受到情绪障碍和行为问题困扰的17岁以下儿童和青少年约3000万名。国内外研究都显示，心理与行为问题增长的趋势还将继续。我国经济快速发展，社会竞争加剧，对人类个体认知、情感、意志、个性的形成和发展等具有重要影响，可能导致情绪应激和心境障碍等疾患。这些问题均与人的心理健康、脑功能和认知障碍有关，且已成为极大的社会问题和我国持续发展的可能障碍。心理科学、认知科学、认知神经科学研究将使防治各种心理疾患问题、精神疾病和认知功能障碍成为可能，并有望大幅提高精神疾病的临床诊断准确率和治疗效果。fMRI 技术可以直接测量人脑内部的结构和功能异常，从而能更深入、更真实地考察这些疾病发生和发展的规律。其中突出的进展包括药物成瘾、神经退行性疾病（如阿尔茨海默病）、重症精神疾病（如精神分裂症）等。此外，从毕生发展的角度来看心理健康，一些精神疾病在人生特定阶段属于高发期，如高功能自闭症、多动症、轻度认知损害和老年痴呆等，内表型研究可以勾勒出某种心理疾患或精神疾患的前驱期人士在毕生发展中的脉络，以此来探讨潜在的早期病因，从而更有针对性地对某些精神疾病进行早期的诊断与干预。

尽管心理疾患和精神疾患（如焦虑障碍、抑郁症和精神分裂症）可能与早期大脑发育的遗传和环境因素有关，但迄今为止，人们对青少年脑的变化对疾病的调节机制还缺乏认识。青少年期的特点是身体和激素等方面发生很大变化。在这个从儿童向成人过渡的时期，青少年的认同、自我意识和认知灵活性等方面也都发生巨大的变化。其思维的特点也开始有了质的变化，使得青少年比青春期前的儿童更具有自我认知和自我反省意识。青少年掌握了多维度概念的能力，思考问题也更有策略。当然，对青春期和青少年的认知和神经发展的实验研究正处于起步阶段。在过去的几年中，一些先驱研究考察了这个生命时期中脑和认知过程的发展。

这些研究揭示了青春期前后大脑的两个主要变化。第一，青少年期前额叶的髓鞘化过程继续进行。这意味着从童年到青少年，神经信息在前额叶的传递速度在整个儿童和青少年期都在增加。第二，突触不断生长（在青春期开始时出现第二次增长高峰）和修剪（紧跟青春期之后）的结果使得前额叶的突触密度增加。MRI成像的实验数据显示，青少年期大脑的白质呈线性增长，但灰质在此期间却呈现倒“U”形发展趋势，从童年到青少年期大脑灰质呈非线性减少趋势。这些都与心理疾患和精神疾患的精神病理症状一致，如心理加工过程减慢、观点采择困难、执行功能障碍等。因此，青少年期和儿童期的案例为探究这些疾病的过程提供了独特的机会。

另外，运用传统的遗传学方法研究精神分裂症的易感基因，结果并不理想。对多基因遗传病直接进行候选基因研究存在着诸多困难。正是由于存在这些困难，研究者才采用其他策略来研究心理疾患的遗传基础，其中之一就是寻找中间标记或内表型。内表型是微观的、内在的表现型。内表型能更直接地反映活动的神经机制，从而更可能反映主要基因的效果。内表型包括不同层面，如神经解剖、神经生理、神经心理、生物化学、神经软体征等方面。要对心理疾患的内表型进行更深入的研究，揭示心理疾患的遗传机制。内表型是与疾病的典型行为症状相关的携带有遗传负荷的数量性状，由更为简单的遗传因素所决定，可以增大遗传学研究的统计效能，是基因到临床症状之间的中间桥梁。

内表型具有重要的潜在优势在以下几方面：

1）生理的和更基本的基于神经的内表型可以比更复杂的疾病本身更直接反映突触活动和其他神经机制，因此，更可能反映主要基因效应。

2）患者和患病的亲属可表现出一定程度的内表型，这可作为理想的数量性状连锁分析的工具。与临床表现型有关的数量性状与临床患者相比，更有可能发现连锁。

3）在某种程度上，可以通过脑影像学和动物模型研究来了解和调查内表型的生物学基础，因此，候选基因可以在连锁领域进行系统区分。

4）内表型可用来制作动物模型。内表型研究可以勾勒出某种精神疾病在人的毕生发展中的脉络，以此来探讨潜在的早期病因，从而更有针对性地对某些精神疾病进行早期的诊断与干预。

认知功能及神经软体征是精神分裂症的内表型。21世纪的研究重点是探查精神疾病患者不和谐的心理活动，考察从分子水平到行为水平之间的空隙（内表型）。神经心理学与脑结构及功能的指标，都可以作为内表型用于研究受遗传变异影响的内在神经生物过程，因此有着很广阔的研究前景。内表型可与影像遗传学（研究人类不同基因型个体的神经结构和活动的方法）结合，通过减少表现型的异质性影响而提高关联研究的效能，利用fMRI技术寻找神经、精神疾病分类的脑功能标志已成为该领域的热点问题。内表型由于不会受到疾病状态的影响，因此在精神和心理疾患前驱期人群中也会出现，可以把内表型作为早期筛查和诊断的指标。这些基础研究的结果还可以应用于临床的筛查和诊断中，具有较大的理论和临床意义。

精神分裂症及其他心理疾患的高危人群的筛查非常重要，因此需要通过一系列的指标来进行客观的判断。在症状方面，高危人群会表现出和患者相似的症状，如有奇怪的想法、社交退缩、情感不协调、有牵连观念等，但是从程度上来说，还没有达到临床水平，但与一般人群相比要高，可以把这些症状作为筛查的一个指标。在临床方面，由于高危人群会表现出和患者相似的症状，因此高危人群也会表现出和患者类似的其他方面的损伤，如神经认知、社会认知、神经症状等，所以，在进行高危人群的筛查时，可以从这些方面来进行。在情绪知觉与表达方面，心理疾患和精神疾患人群普遍表现出情感不协调。知觉别人的情绪和表达自己的情绪在日常生活与别人的相处中非常重要，直接影响到人们的社会功能。心理疾患人群在情绪知觉与识别上比一般正常人差，高危人群也要差于正常人。所以，可以把情绪知觉、人际互动时患者自身的情绪表达，以及患者在日常生活中是否会体验到快乐情绪等，作为筛查的指标。在认知功能方面，心理疾患和精神疾病的人群都存在广泛的认知缺损（如注意、记忆、执行功能等），患者一级亲属在这方面的表现也比一般正常人差，有研究者建议将认知功能的缺损纳入到精神疾病的诊断标准中。所以，可以把认知功能的缺损作为高危人群的筛查标准。

在心理疾患的诊断标准中，社会功能的受损处于比较重要的位置。社会功能指和一般人相同的与别人交往的能力。认知、社会认知等对社会功能有一定的影响，高危人群由于存在一些轻微的症状，社交上有一定的退缩，所以社会功能也受到了相应的损害，所以这也是筛查标准之一。药物治疗对社会功能的改善作用不太明显，因此更加需要从心理学等方面进行干预调控，使精神和心理疾患患者更好地融入社会。

很多国家（包括我国）近些年来对焦虑症和抑郁症的研究都给予了一定的重视。结合各种学科，如行为遗传学、神经影像学、分子生物学、医学及心理学等，探讨疾病的发病机制，发展行之有效的预防干预、诊断治疗技术。在心理学这个领域，需要更多地关注情绪的研究，增加对情绪神经机制的了解有助于对疾病的深入了解，同时要侧重对特定人格特质群体的调查研究。近些年对情绪和心境障碍的研究发现，具有特定的人格特质（如特质焦虑）的人群，在处于长期应激的状态下，易于发展产生相应的精神障碍疾病（如焦虑症）。那么对这类群体的筛查，早期干预将有助于控制心境障碍的发病，而且，基于这个群体进行的基因、环境、神经机制等方面的研究，也将很大程度地推动疾病病因学的发展。

2. 情绪调节研究

情绪是人类重要的心理功能，它是人类认识和适应环境的重要工具。由于情绪的非理性特征，它与潜意识活动的关系更为密切。情绪丰富了人们的生活内容，给生活带来了生动的色彩；同时，情绪也会给人们的决策过程带来影响，并影响人类的感觉、认知等其他心理功能。情绪不稳定、情绪异常乃至情感障碍性心理疾患，都会给人们的生活和工作带来比较严重的影响。因此，研究情绪产生和调节的规律，特别是长期负性情绪状态的调节干预规律，对于改善情感障碍问题、提高人们的生活质量、降低医疗支出、减少与此相关的社会资源消耗，都具有重大的实际意义。同时，情绪调节的相关研究也为揭示意识水平以下高级中枢的信息处理规律提供了丰富的研究对象，对揭示人类意识下信息处理过程、加深对脑与心理过程的认识都具有重大的理论意义。

情绪研究一向为心理学界所重视。但以往由于研究方法的局限，有关研究长期处于现象观察和理论推测阶段。自20世纪60年代以来，随着神经科学的发展，人们逐渐开始认识到情绪与中枢部分区域的功能具有重要关系。近年来脑功能研究技术的进步，促使情绪研究领域出现了迅速发展的态势。然而，由于情绪的非理性特征，人们对自身的情绪体验通常并不完整，因此依赖被试主观报告的情绪测量通常都存在局限；同时，由于情绪的神经机制不明，因此也缺乏有关情绪的客观度量指标。这些问题已成为限制情绪研究进展的重要瓶颈。因此，在未来的研究中，解决这些限制性问题将是研究的重要方向。而且，情绪与感觉、认知等心理功能的关系非常密切，这些功能彼此之间存在着紧密的相互调节、相互转化过程。因此，研究感觉、情绪和认知过程之间的动态相互作用，将是未来研究的另一个重要方向。

情绪的调节，尤其是不良情绪的积极转化的方式及机理，是未来几年研究的一个重点和难点。综合利用行为科学、认知神经科学以及心理神经免疫学等手段，对各种情绪调节手段的科学性进行研究和检验，并发展基于认知神经科学技术的情绪的脑-认知调节模式；在现实生态条件下长时程地对情绪波动和变化进行追踪研究，寻找长时程大范围的情绪和心理状态转化规律，并确定与此相关的社会文化和个人生活背景以及关键性的心理-情绪事件。这些都是未来研究的重要方向。

3. 老年心理健康促进

随着我国老龄化进程加快，老年人口的相对数和绝对数都不断增加。我国已成为世界上老龄人口最多的国家之一，也是老龄化最严重的国家之一。目前我国老年人口为1.6亿，占总人口比例的12%。预计到2023年，老年人口数量将增加到2.7亿，与0～14岁少儿人口数量相当；到2050年，老年人口总量将超过4亿，老龄化水平推进上升到30%以上，其中，80岁及以上高龄人口将达到9448万，占老年人口的21.78%[①]。由此可见，我国老龄化形势严峻。健康是与老年人最密切相关的问题。世界卫生组织早在1948年就明确提出健康的定义：健康不仅仅是没有疾病、不体弱，而且是一种躯体、心理和社会功能的完满状态。随着社会生活水准日益改善，心理健康越来越被提到重要议事日程。因此，面对我国老龄人口数量众多、老龄化速度加快的严峻挑战，提高老年人心理健康水平，防治心理疾患的发生，是当前社会所急需的一项极其艰巨而又重要的任务，也是构建和谐社会的重要任务之一。

由于西方发达国家在20世纪中叶前已步入老龄化社会，因此相关心理学研究的开展比我们也要早很多。在20世纪中叶，西方发达国家的心理学家即已开始在大型纵向研究中探寻个体心理老化的规律及其影响因素。而我国老年心理学研究相对起步较晚，自20世纪80年代才开始系统开展相关研究。老年心理学研究集中于探讨、探索人类老化的心理特征，以促进人类健康寿命延长，从大脑可塑性和人类毕生发展的角度出发，探索哪些心理功能随增龄而减退、哪些基本不受生理老化影响、哪些可有条件保持，探讨各类老年期心理问题的早期识别标志和有效干预方案。

以阿尔茨海默病为例，阿尔茨海默病会引起记忆力、计算力、语言和思维能力等认知功能障碍。认知功能障碍的发展是个长期的过程，可能在临床前数十年即已开始。在疾病进展的后期，特别是发生痴呆后再开始治疗，虽仍可能延缓认知功能衰退的进程，但已有的损害多不能逆转。轻度认知损伤（mild cognitive impairment，MCI）是介于正常老化与痴呆之间的过渡阶段，表现为与年龄和教育程度不相称的认知功能减退，但尚未达到痴呆诊断标准。轻度认知损伤患者发展为痴呆的年转化率为10%～15%，而正常老年人仅为1%～2%。由此可见轻度认知

① 见中国老龄办公室2006年2月发布的《中国人口老龄化发展趋势预测研究报告》

损伤患者是痴呆的高危人群。因此正确认识并及早发现轻度认知损伤患者是预防和延缓痴呆发生的有效切入点。轻度认知损伤已成为当前年老化研究领域最热点的问题之一。心理科学、神经病理学、神经成像学、流行病学、行为遗传学等多个领域积极开展这方面研究，旨在发现与轻度认知损伤和阿尔茨海默病的认知变化相联系的神经成像和其他生物标记，以期能够准确监控疾病进程，检测治疗效果，并探索有效的认知行为干预手段。

4. 药物与网络成瘾机制研究

药物成瘾是发达国家重要的社会问题之一。我国毒品问题自20世纪80年代以来死灰复燃，并呈蔓延之势。吸毒不仅容易感染艾滋病等传染性疾病，而且还导致犯罪。戒毒过程中最棘手的问题是心理依赖，而目前对心理依赖的研究和戒断药物的开发都是基于行为学指标。目前已经可以确定心理成瘾和脑内犒赏系统密切相关，而脑内多巴胺涉及犒赏过程。一些神经电生理指标，如γ-频段EEG、探测性诱发电位等，和多巴胺的功能密切相关，表明它们有可能作为心理成瘾的客观评价指标。在对成瘾药物所引起的心理依赖机制的研究中，我国一些学者提出了“心理成瘾是一个学习记忆过程”的观点。大多数成瘾者在经过戒毒治疗之后对环境刺激没有明显的渴求和复吸倾向，但离开戒毒所回到原来的生活环境之后，又会出现很高的复吸率，主要原因就是成瘾药物导致的异常记忆的长期存在。因此，揭示成瘾药物滥用过程中成瘾记忆的形成与巩固，以及成瘾行为形成后成瘾相关记忆的保持机制，对药物成瘾的预防与治疗具有重要的意义。对这个过程的了解不仅对研究成瘾机制和药物开发很重要，也对学习记忆的基础研究有着重要意义。以灵长类为动物模型，用学习记忆研究的方法，对戒断后心理依赖的脑机制进行系统的、多层次的研究十分重要，其结果可能为戒断药物的设计和精神外科治疗找到新思路。

网络成瘾则是随着网络技术的普及而新出现的一种心理行为问题。1990年美国心理工作者首先提出“网络成瘾”这一概念。

此后，世界上许多国家都陆续出现了这一新问题并呈日趋严重之势。《第23次中国互联网络发展状况统计报告》显示在2008年年底，我国网民达到2.98亿人，居世界第一。全国青少年网瘾用户约占青少年网民的13.2%，即约有245万青少年沉溺于网络不能自拔，除此之外，非网瘾用户中还有约13%的网民存在网络成瘾倾向，也就是说约有900万以上的青少年存在网瘾倾向，并因此而影响了正常学习甚至荒废学业，并出现各种各样的心理行为问题。网络成瘾作为成瘾行为之一，具有与药物成瘾相似的临床特征，具有基于记忆、情绪、条件性信号、习惯等层次之上的生化机制。此外，网络成瘾作为一种具有依赖特点的偏差行为，对于青少年从生理到行为有多方面的影响，目前缺乏网络成瘾的系统的生理、心理指标，缺乏早期鉴别青少年网络成瘾及网络成瘾倾向的诊断工具和干预措施。

5. 应对方式及心身交互作用的机制研究

在社会经济飞速发展、科学技术高度发达、工作和生活节奏加强加快的现代社会，一方面物质文明不断进步，另一方面人们承受着越来越多的精神压力，心理危机像幽灵一样悄悄地向现代人逼近。各类重大心身疾病（如癌症、心血管病、药物成瘾和精神疾患）的发病率也随之逐年上升。有资料表明，如今癌症、心脑血管病已在全球疾病谱中占前两位，而心理行为障碍也正以11.3%的速度递增。社会应激已成为严峻而多发的致病因素。据报道，在发达国家流行的疾病中，75%～90%与应激特别是心理应激机制激活有关。因此，各国政府花费巨额资金，进行大量相关研究，以提高现代人的心理素质和应对能力，以防止和降低心身疾病的发生。在我国，据10年前统计心身疾病占疾病总数的33.2%，有专家预测，到2020年心理卫生问题将在疾病的总负担中排名第一。而我国对应激和健康行为的研究显得十分滞后。因此，研究社会应激环境下我国不同人群心理行为特点及心身健康的问题已迫在眉睫。

因此，为顺应我国社会发展和国际科学发展的趋势，对我国不同人群在复杂社会应激环境下的心理行为特点、应对方式及心身交互作用的机制进行研究，在理论上和实践上均有重要意义。这不仅关系到生命复杂系统（脑、行为、神经内分泌和免疫系统）研究的深入发展，而且对优化我国人口素质、增强国民心身健康、促进社会进步有着重大而深远的影响。

社会应激是指社会经济改革、文化变迁、人际关系、生活事件等对个体或群体造成压力而引起心理、生理机能改变的过程。在医学、神经科学和心理学领域，应激是指机体处于某种紧张和不利的内外环境下产生的一系列适应的或适应不良的行为和生理性反应。应激包括生理性应激（手术、创伤等）、物理性应激（噪声、电击等）和心理性应激（紧张、焦虑、恐惧等）。社会应激基本属于心理性应激（或精神应激）范畴。现代心理学理论认为，心理应激是机体通过认识、评价而察觉到应激源的威胁而引起的生理、心理和行为反应。个体对应激的反应不仅取决于环境刺激，还与个体的心理特征有关。对应激适应不良者将产生疾病和行为问题。

抑郁症是目前危害人类健康的主要疾病，其发病率正迅速攀升，预计到2020年，抑郁症将在疾病的总负担中排名第二。而抑郁症的发病机制至今不明。尽管单胺类假说曾是得到较多认可的假说，但从心理神经免疫学思路探讨抑郁症的发病机制已引起了科学界的重视。目前细胞因子假说是一个研究热点。细胞因子假说认为细胞因子参与了抑郁症的行为、神经内分泌和神经生化改变。该假说因其前瞻性和研究潜力日益受到关注。

从科学发展趋势来看，应激和抑郁症的研究是当今国际研究的热点。从20世纪80年代至今，此类研究进入系统研究阶段。Medline检索发现，1995～2000年有关应激的文献多达52 000余篇，其中，心理应激的研究尤其引起各国科学家特别是心理学家、行为学家、医学家和神经科学家的重视和兴趣。大量研究表明，免疫系统和神经内分泌系统的功能受神经精神活动的调节，而其功能的紊乱不仅造成疾病，也与衰老、性格和行为有关。应激的致病机理与中枢神经系统、神经内分泌系统和免疫系统的相互作用有关。一门新型前沿学科——心理神经免疫学随之诞生。这一学科自诞生之日起，就引起各国科学家和政府的极大关注。在美国国家精神健康研究所（NIMH）编著的《走向二十一世纪：NIMH发展神经科学研究的机遇》向神经科学提出挑战的50个问题中，有两个直接与心理神经免疫学有关，即脑和免疫系统之间功能相互作用如何进行，以及如何建立心理神经免疫法作为治疗方法。毋庸置疑，心理应激、神经免疫、行为治疗等正成为当今国际科学研究的前沿。

6. 大脑可塑性机制研究

大脑是中枢神经系统的重要组成部分，是人的意识、智慧和行动的源泉。大脑如此重要，然而又十分脆弱。现在，有很多交通意外、脑中风等外部原因或内部疾病导致的脑损伤患者，目前虽对这些人群进行了相应的医学治疗，但还没有在基于大脑可塑性科学研究指导下的认知神经心理康复方案可以提供。大脑随时因各种环境刺激信息和自身活动而改变其结构与功能特性。心理活动反过来也会改变大脑神经元群之间的连接状态，修改大脑的功能。因此，了解大脑结构与功能状态的可塑性改变与健康心理活动之间的关系，可以利用行为与心理活动，引导大脑建立有利于心理健康的连接模式，从而促进社会大众的心理健康，为社会安定和谐和可持续科学发展提供重要保障。

脑的可塑性是脑在与环境相互作用的过程中不断修饰自身以适应环境变化的过程。这种可塑性发生在脑结构的各个层次上和脑功能的各个水平上。脑在与外界环境的作用过程中，在作用于环境的同时，也受到环境的影响而发生改变。人脑在受到损伤之后，会自行修复，在康复治疗中，可以让人脑更好、更有效地进行修复，从而回到原来的生活和工作环境中。脑在损伤后，有一些认知或躯体的问题是药物治疗不能改变的，如注意力缺损和语言障碍，这就需要心理学上的认知或社会康复治疗师对患者进行培训，通过大脑可塑性的原理有望使功能恢复。这些方面的基础研究，国外已经有了相应的结果，这是一个有着重大理论和临床意义的方向。脑如何发育和成熟？智力怎样产生？学习、记忆等高级认知功能的神经机制是什么？脑的退化和神经元的死亡由什么原因引起？怎样才能促进脑的再生和修复？对所有这些问题的回答，都将取决于我们在对神经系统发育和可塑性基本机制了解的基础上能否取得突破。

二、心理健康

心理疾患和精神疾患的内表型研究、心理疾患高危人群的认知神经机制、情绪体验和调控是未来 5 年心理健康研究的优先发展领域。

（一）心理疾患和精神疾患的内表型研究

过去的研究已经确定了心理疾患和精神疾患发生的各种可能风险因素。例如，双亲有精神障碍是发生焦虑、抑郁和物质滥用障碍的一个显著风险因素。精神疾病在很大程度上受到遗传的影响，而对疾病的遗传学研究却没有得到一致的结论。运用传统的遗传学方法探讨可能影响心理疾患和精神疾患（如精神分裂症患病易感性）的基因基础，其结果并不理想。研究遇到的障碍之一是我们不能识别出缺乏临床症状的易感基因的携带者。此外，精神疾病的诊断具有异质性，即并非所有的患者携带有同样的易感基因。分辨出与精神分裂症相联系的神经生物学或神经行为学特征或与基因表达更紧密联系的内表型，是一个令人振奋的新方向。很多对具有发病风险的患者后代的研究表明，神经认知功能障碍是最有可能的潜在内表型之一。在神经发育的框架内更容易理解此观点。由于基因并不与精神病病理机制一一对应，因此，在相对更简单的、基于生物表现型的水平上关联或外显的基因效果更大。内表型最初被认为是发现基因的工具，通过减少表现型的异质性影响而提高关联研究的效能。认知神经科学、神经心理学和影像遗传学的发展引起了人们观念的转变，通过应用遗传风险变量作为工具，以发现中介从DNA序列到病理行为表现之间的神经机制，显示出内表型研究更强的效力，从而引起了这种转变。

虽然迄今为止，内表型研究尚未发现与精神分裂症发作有关的多重相互作用的遗传学异常，但在其他复杂的医学疾病中，它对基因的发现已显示出比较重要的作用。《精神分裂症报告》（最主要的精神分裂症研究期刊之一）在2007年3月发行了内表型特刊。在过去5年，Pubmed和大型电子期刊数据库中有关精神分裂症内表型的研究显著增加。这些都说明将内表型作为理解精神疾病的病因和生理病理学的重要工具和方法之一具有重要的意义。运用内表型方法的一个基本问题是分辨和确定有效的内表型。可以通过对精神分裂症及家属相关缺陷的研究来分辨内表型。目前提出的精神分裂症可能的主要认知内表型有P300、P50、前脉冲抑制、持续注意、言语记忆、工作记忆、执行功能缺陷和神经软体征以及与这些功能有关的脑结构，这些缺损和脑结构异常在首发未服药的患者中已经出现，但尚缺乏严格按照内表现型标准对它们进行的系统的研究。最近的研究发现，灰质和白质的异常在精神分裂症的高危人群和精神分裂症患者的一级亲属中就已经出现，这些异常在首发精神分裂症和慢性精神分裂症患者中逐渐加重。

在神经软体征方面，众多研究发现，精神分裂症患者在发病的各个阶段均存在异常。神经软体征的异常通常也被认为是精神分裂症的标靶性特征。由于这些异常是由多个基因较小的效应累积造成的，因此尽管这些特征程度比较轻，它们在正常群体中也会出现，但目前尚缺乏严格按照内表型标准对认知缺损及神经软体征进行的系统研究。对神经软体征与精神分裂症及执行功能之间的关系进行的初步探讨，包括发展神经软体征的临床评定工具、进行跨文化比较、慢性精神分裂症的跨地区纵向研究、精神分裂症初发阶段患者软体征的纵向研究等。研究发现，患者在所有分量表中软体征的得分均显著高于正常组。三个软体征分量表均显示出了良好的敏感性和特异性。总的来说，精神分裂症患者表现出了更多的神经软体征异常；软体征与精神分裂症有很强的联系。神经软体征的研究主要有两方面的创新性：一是神经软体征是精神分裂症的潜在内表型；二是对神经软体征的定义有了新的看法。传统看法认为神经软体征没有特定脑区负责，现在的研究发现神经软体征对应的脑区网络激活。

前瞻记忆指记住将来要做某些事情。根据基于的线索不同，前瞻记忆被分为基于事件的（某件事情发生时记得去执行一个意图）、基于时间的（在某一特定时间点或一段时间之后记得执行一个意图）和基于活动的（记得把某件事情做完之后去做另外一件事情）。现有的少量文献发现精神分裂症患者在前瞻记忆上存在缺损；还有研究发现有分裂人格倾向的个体的前瞻记忆表现也比一般正常人差，精神分裂症患者未发病的一级亲属的前瞻记忆也差于正常人。这些证据表明前瞻记忆可能是精神分裂症的潜在内表型。

目前我国在这方面的研究水平稍微落后于西方国家，但是，如果我们设立一个系统的精神分裂症内表型研究项目，则会形成一定的优势。此项目主要致力于患者、非精神疾病先症者和健康对照组的脑结构、功能联结、神经认知功能及神经表现的研究。

内表型研究可以和表观遗传学及基因组研究联系起来。表观遗传学为研究环境与基因相互作用影响心理与行为的机制提供了一个新的视角，因而近年来受到了许多研究者的关注，并取得了一些重要的进展。在心理学界，先天与后天因素对人类行为影响的研究由来已久，特别是早期的经历对成年后认知功能、心理健康影响的研究一直受到心理学研究者的关注。既往的疾病研究表明，发育过程形成的疾病易感性可以在基因表型与环境生活事件的相互作用中产生，表观遗传学则是基因与环境交互作用的重要分子机制。此外，表观遗传学具有可逆转性，环境、药物等通过作用于其中的关键酶可以达到改变基因功能的效果，这为心理与精神疾患的治疗提供了新的方向。

（二）心理疾患高危人群的认知神经机制

精神分裂症之类的心理与精神疾患影响了广泛的人群。对精神病存在两种不同的看法，即类别说和连续体说（维度说）。在类别说的观点中，精神病的表现型是一个二分的实体，即症状是全或无的，是可以通过一定的标准来定义的。在连续体说或维度说的观点中，精神病不是一个疾病的实体，精神症状只是正常经验和行为在量上的变化。后一种观点引发了偏执观念在大范围人群的预测源及相关变量的流行率调查。研究表明，25％～28％的人报告至少经历过幻觉、妄想中的一种，这些经历不是由于药物或躯体状况导致。我们在国内做的调查也表明：在一般人群中，2.1％～18.2％的人每周至少有一次牵连观念出现，在分裂型人格倾向的被试中，有13.1％～44.4％的人至少每周经历一次牵连观念。这些数据说明心理和精神疾患是一个连续体，在一般正常人中也存在较轻的症状，分裂型人格倾向个体的症状比一般正常人严重。

牵连观念是妄想的一种较轻的形式，目前有少量研究对牵连观念的脑机制进行了探讨。有研究用ERP探讨了非临床和亚临床群体中的牵连观念，即“被看透的感觉”在非临床人群中的情况。结果发现，对于不知情组，当刺激呈现后，在250～350毫秒的时间窗中的ERP差异波（“猜对”减去“猜错”）出现明显的正偏向（P3），且在高频率实验条件下特别明显。P3可能表明当人看见一些难以置信的“猜对”反馈后大脑的某些神经活动。另外，关于人的ERP P3波功能意义的讨论同时也涉及另一个概念——期望。对于不知情组来说，“被看穿”可能是未料想到的信息，因此P3成分在之后得到了激活。这个在ERP和多疑念头间发现的相关说明这个范式有助于理解非临床群体主观的反常体验，它可能是一种研究临床群体中多疑念头或者妄想的有效的工具。这种“被看透”的感觉在亚临床和临床群体中的情况值得进一步研究，进而理解妄想的形成机制。

精神和心理疾患高危人群（如分裂型人格障碍患者、精神分裂症患者的亲属等）也存在脑机制的异常。在结构上，分裂型人格障碍的患者和精神分裂症患者一样表现出颞叶容量降低，而额叶和正常人相比则没有明显差异，这说明这些相对完好的脑区阻止了分裂型人格障碍患者发展为精神分裂症患者。也有研究发现，分裂型人格障碍的额叶部位存在容量降低，分裂型人格障碍颞叶存在缺损，导致认知障碍，形成了精神分裂症的易感性，最后额叶的病变导致了精神症状的出现，这被称为精神分裂症发展的颞叶-额叶两步假设。在功能上，分裂型人格障碍患者在进行威斯康星卡片分类任务时，额叶左中部激活降低，而其他脑区特别是右侧前额叶激活增强，表明分裂型人格障碍患者在执行任务时激活额叶区域的效率没有正常人高，所以往往需要其他区域的补偿，在进行工作记忆任务时也是如此，和精神分裂症患者相似。

在精神分裂症患者未发病的家属中也发现，其在进行不同的任务时脑区激活存在异常。研究发现，精神分裂症未发病的成年家属在进行工作记忆任务时，右侧前额叶激活比控制组更强；发现在进行工作记忆任务时，双生子中未发病的个体表现出和发病的个体相似的脑区激活趋势。在言语启动任务中，有精神分裂症遗传素质但未发病的被试和控制组相比，前额叶中部、丘脑和小脑区激活有显著降低，这提示额叶-丘脑-小脑网络异常是精神分裂症一种遗传的易感性因素。目前，关于分裂型人格认知功能的研究成果已发表 200 多项，研究表明，这一人群大多在认知功能上都存在缺损，在执行功能、持续注意、工作记忆、言语和空间学习和记忆、运动能力中的表现比较显著。总的来说，分裂型人格被试的表现处于正常人和精神分裂症患者之间。现在需要解决的一个问题是在分裂型人格中较少有前瞻性的研究来说明认知缺损是先于临床症状出现的，而不是相反。

另外，老年人也是高危人群之一，在老年人发展为老年痴呆的过程中，有一个前驱期，会出现轻度认知损伤。轻度认知损伤是介于正常老化和老年痴呆之间的过渡阶段，表现为与年龄和教育程度不相称的认知功能减退，但尚未达到痴呆的诊断标准，相当于从分裂型人格转化为精神分裂症的前驱期。轻度认知损伤发展为痴呆的年转化率为 10%～15%，而正常老年人仅为 1%～2%。因此轻度认知损伤已经被广泛接受为痴呆发病的预警信号和干预靶点，研究轻度认知损伤识别标志及影响轻度认知损伤向痴点转化的危险因素是预防和延缓痴呆发生的有效切入点。根据认知损伤是否涉及记忆功能，轻度认知损伤区分为遗忘型轻度认知损伤和非遗忘型轻度认知损伤两个亚型。通常遗忘型轻度认知损伤会导致阿尔茨海默病，而阿尔茨海默病是最常见的痴呆类型，相应的遗忘型轻度认知损伤也是最受关注的亚型。老年人在轻度认知损伤阶段会出现一些变化，如记忆力减退、认知功能下降、脑结构和功能出现异常的老化，但是这一领域到目前为止还没有很好的系统研究。以后的研究需要集中在对轻度认知损伤的筛选、缺损机制的研究及早期干预防止其发展为老年痴呆等领域。

（三）情绪体验和调控

情绪是人类个体基本的适应性动力系统，它主要包括三个方面，即情绪知觉、情绪体验和情绪表达。在心理病理学领域，大量的研究表明，情绪知觉的受损对精神分裂症患者的人际关系缺损有很大的影响。国际上许多实验室都致力于精神分裂症患者的情绪知觉与社会功能的相关研究。另外，初步的研究表明，分裂型人格个体在面部表情识别中存在缺损，而且不随着临床症状的消退而改善；对厌恶和威胁性的刺激反应过度。研究表明，自我信息加工在分裂型人格中存在问题，大脑也受到损伤。社会和情绪在分裂型人格被试中存在缺损，社会-情绪问题是否和人际交往特点有关，这些都值得进一步研究。

情绪体验在病理上的表现主要是快感缺失。快感缺失指的是体验快乐的能力降低，是几种精神与心理疾患的重要特征。快感缺失以及抑郁的心境是重症抑郁症最重要的两项诊断标准，同时，快感缺失也是精神分裂症患者最常见的阴性症状。进行快感缺失的研究有助于理解精神与心理疾患的病理机制，但该方面的研究长期受到忽视，而且以往的研究主要集中在主观报告方面，较少进行客观的测量和神经机制的研究。将快乐分为期待性快乐和消费性快乐，有助于理解临床表现出快感缺失症状的疾病，尤其是精神分裂症和抑郁症。例如，临床发现精神分裂症患者虽然表现出快感缺失的症状，但是，在实验室里无论进行即刻体验快乐的任务还是进行延迟报告体验快乐的任务，其表现与正常人群并无差异，因此，研究者认为精神分裂症患者体验即刻快乐的能力是完好的，但是他们可能对于即将到来的，如期待性的事物，表现出一种快乐体验能力的缺损，即存在着期待性快乐而不是消费性快乐的损害。快感缺失与大脑多巴胺能神经奖励系统的功能失常有关。多巴胺能神经奖励系统涉及腹侧被盖区、腹侧纹状体区域以及部分前额叶皮层。通常认为有两条主要的多巴胺能通路，一条为起源于腹侧被盖区、终止于前额叶皮层的中脑皮层系统，另一条为起于腹侧被盖区、终止于伏隔核和杏仁核的中脑边缘系统。大脑奖励系统的异常可能是精神与心理疾患患者失去快乐以及缺少兴趣的潜在脑机制。有关压力导致快感缺失，形成抑郁症的假设，认为快感缺失的出现，主要是通过与压力影响和奖励过程相关的多巴胺能路径和结构的功能，从而降低了刺激对个体的奖励作用。另外，快感缺失的出现也与前额叶活动水平变化有关。快感缺失的个体表现出与焦虑、回避情感有关的右前额叶的活动水平增加，以及与趋向情感有关的左额叶活动水平降低，从而有可能导致对奖励的期待性反应减少。

情绪表达方面的研究主要集中在情绪调节方面。情绪调节是个体对正在体验或即将发生的情绪类型及强度的调控，通过一定的努力和策略，使情绪反应及其相关的作用发生在适应的和适度的范围内。良好调节是社会适应和身心健康的重要素质，情绪失调是导致不健康身心状态的主要机制。情绪调节基础研究当前的进展主要有：情绪调节的生物机制研究，主要涉及从分子生物学角度考察遗传（及环境）因素在情绪调节个体差异中的作用，如抑郁脑机制与情绪调节能力损伤的关系；情绪调节的健康机制研究，如各种典型的情绪调节努力（如抑制、接受、沉思、重评等）的生理、心理及行为结果；情绪认知与调节；情绪调节在健康和临床方面的应用，如呼吸性窦性心律不齐对情绪调节能力和身心健康风险的预测、情绪调节干预的健康促进效果等。

情绪功能方面的损害会进一步影响到社会功能。大量的精神与心理疾患患者，如抑郁症、精神分裂症、分裂型人格障碍、焦虑症等症状的患者，不能得到最终功能上的恢复，这可能与个体持续存在情绪功能的损害有关。以快感缺失为核心的抑郁易感模型认为，快感缺失作为抑郁症的特质属性，它的出现既有遗传的基础，同时也受到环境的影响。在高危人群中可能也存在相同的机理，但目前仅较少研究涉及精神与心理疾患高危人群的情绪研究及其神经机制、情绪与社会功能的关系等，这方面的研究将会是以后的研究重点之一，这在高危人群的早期筛查和干预方面也会起到重要的作用，具有较大的社会效益。

遗传是情绪障碍的原因之一，快感缺失也被认为是与遗传有关的特质属性，如 5-HTT 基因和快感缺失有关。但到目前为止，对有精神和心理疾患家族史的人群进行实验室快感缺失的研究是非常少的，研究对快感缺失在精神和心理疾患中的发生发展作用的认识也非常有限。对情绪（如快感）缺失的行为遗传学研究也将是以后的研究方向之一。

重要研究方向包括以下方面。

1. 心理疾患和精神疾患前瞻研究

主要包括：

1）符合年龄特征和我国国情的心理健康基础；

2）集中于青少年、老年两个心理疾患多发期，侧重于前临床阶段，针对认知、情绪、社会功能等机制的基础研究；

3）心境障碍（如焦虑、抑郁）的病因学研究，包括基因与环境的作用；

4）心境障碍的神经机制研究；

5）针对青少年常见精神疾患（如抑郁症、焦虑障碍、精神分裂症），开展重点在前临床期的早期识别研究，以建立多方面内表型指标；

6）认知行为疗法、社会认知与人际互动培训、认知矫正等多方面干预方法的机制研究；

7）将行为遗传、神经影像技术相结合，进行心理、行为、遗传、社会、医学等综合数据建模挖掘，构建不同心境障碍的“行为-脑-基因或其他生物标记”的早期预警系统，发展基于心理训练的预防干预技术。

2. 情绪调节

主要包括：

1）情绪与调节机制的基础研究；

2）情绪学习与记忆机制的基础研究；

3）认知与情绪相互作用的机制研究。

3. 促进老年心理健康

主要包括：

1）认知老化过程的神经机制研究；

2）老年心理健康及其影响因素研究；

3）老年期神经、精神与心理疾患早期识别和干预研究；

4）高龄老人认知功能、心理状况研究。

4. 药物与网络成瘾

主要包括：

1）成瘾相关记忆的表观遗传学机制；

2）成瘾药物心理依赖及复发的脑机制研究；

3）网络成瘾机制及危险因素；

4）网络成瘾的脑机制研究；

5）网络成瘾预防和干预的机制研究。

5. 应对方式及心身交互作用

主要包括：

1）心理行为因素如何影响躯体健康的神经生物学机制；

2）促炎性细胞因子的致抑郁作用；

3）抗炎性细胞因子的抗抑郁作用；

4）细胞因子与慢性应激交互作用的致病特点；

5）细胞因子与单胺类递质、皮质醇和细胞内信号通路的关系；

6）建立模拟人类心理应激和心身疾病的动物模型；

7）心身交互作用原理及心身疾病机理；

8）建立心理行为系统干预疗法模式。

6. 认知康复

主要包括：

1）脑损伤后的大脑可塑性研究；

2）脑损伤后的认知康复机制研究。

第五节　我国心理学领域的国际合作与交流

心理学领域在许多方面都是国际性的。国际性的心理学组织通过召开会议和出版刊物来促进心理学的发展，通过组织国际合作和学术交流来加强国际理解和发展友谊。

广泛开展国际合作是未来10年里中国心理学发展的必要条件之一，也是其强烈需求。通过国际合作和学术交流，促进中国心理学研究者对现代心理学研究思想和方法更深的理解，从而增加自己的国际竞争力。在某些领域的研究工作中，进行国际合作是必需的。例如，社会与跨文化心理学、文化与社会认知神经科学、神经心理学等领域，都在探索文化不变和文化特异的心理和神经机制等重大科学问题，这些领域的研究工作所涉及的研究对象来自不同文化、不同国家，如果没有跨国、跨文化研究团队之间的合作，完成这些项目几乎是不可能的。国际上在人类决策行为研究领域处于较为前沿的国家集中在英语国家（美国、英国、澳大利亚）、德国、以色列等，而我国在该领域的发展基础还比较薄弱。

发展心理学国际合作的开展很有必要。国际合作源于跨文化研究的需要，如研究者关注的语言发展的跨文化研究、不同文化语言影响下婴儿物理认知发展的差异、不同语言对婴儿数认知的影响、不同文化背景下亲子关系发展规律之异同等。中国发展心理学家通过跨文化研究也可以为发展心理学学科作出独特的贡献。我国发展心理学的研究尽管取得了长足的进步，但和国际同行相比，仍有一定的差距，国际合作有利于跟踪研究领域前沿，有助于带动国内研究，培养发展心理学研究人才，迅速提高国内发展心理学研究水平，造就一批具有国际竞争力的研究队伍。

在早期心理疾患与精神疾病的筛查、诊断、预防、干预等领域，我国还处于刚刚起步的阶段。在该领域，我们也应该加强国际合作，学习、交流经验。国内也需要全国各地的精神病医院以及心理学院系建立广泛的合作联盟，先建立个别示范基地，在标准、规范、制度初步形成后，有系统、有计划地向全国各联盟单位进行推广，争取能够阻止高危人群发病，改善患者的功能和预后。在提高神经认知功能和遗传的研究方面，美国有着较好的研究基础和合作网络，这方面的研究可以与美国多交流合作。

在国际合作中经常会有来自多个国家的研究团队共同参与，在以往这样大规模的研究项目中，中国心理学家的贡献和作用体现得不够充分，或者说中国心理学家在这些国际合作项目中不能占主导地位。我国一些知名的心理学研究机构已经认识到开展心理学国际合作的重要作用，并且以多种方式参与国际活动。为了进一步改善现状，一方面，国家需要加强对国际合作项目的科研经费支持，加大对诸如社会与跨文化心理学、文化与社会认知神经科学、发展心理学、神经心理学等领域国际合作项目的投入，使得中国心理学家有可能在大型国际合作项目中占主导地位。另一方面，通过国际合作项目的支持，中国心理学家可以邀请高水平的国际同行来国内讲学并开展合作研究，也可以在国际合作项目的支持下，常规性地参加国际学术会议和其他国际研究机构的活动，并在其中发挥重要作用。对这些活动的保障措施之一是增加国际合作项目的数目以及增强单项国际合作项目的经费支持强度。

在“十二五”规划期间，与具有国际领先水平的国家开展主动积极的国际合作，能较快地带动我国心理学相关领域研究的发展，提高我国在该领域的研究实力，并提升我国本土研究者在该领域的话语权。有关政策应当对此给予倾斜和支持，并给予经费的保障。具体措施包括：

1）派遣优秀的中青年科学家出国进修，同时邀请国际著名研究专家来华访问工作，建立实验室；

2）鼓励国内研究者与国外研究者建立实质性合作关系，包括申请各类各级别的国际合作课题，并鼓励国内科研管理机构或研究机构提供一定的配套资金；

3）与国际上相关领域发展较为成熟的大学、研究机构，建立正式合作关系。

第六节　我国心理学领域发展的保障措施

与欧美等国相比，心理学研究在我国的开展晚了很多年，但30多年来，心理学研究在我国呈现蓬勃发展之势。目前，我国心理学的研究和教学机构有百余所，心理学专业的学生数量在逐年增加，但是，从总体上看，我国心理学研究水平与欧美等国相比差距较大，在对心理学的认识、心理学研究的思想方法等方面也存在差距，每年在国际学术期刊上发表的心理学论文在世界上所占的比例很小，在有较大影响的顶级学术期刊上发表的论文更少。

心理学的发展需要人才队伍的建设和培养。目前我国心理学人才队伍的补充还是主要来自国内各大学毕业的博士研究生。近几年，在欧美主修心理学或神经科学等专业的留学生回国人数逐步增加，这主要归因于国内心理学领域对高水平人才的需求，以及各方面对科研启动经费和实验室建设等的支持。我国心理学研究条件的不断改善，也是吸引在欧美获得心理学或神经科学博士学位的留学生回国工作的主要原因。但是，我国心理学研究队伍的总体体量仍然较小，人才队伍建设依然是学科发展的最重要任务之一。一方面，要从国外吸引高水平的心理学家到我国的研究所和大学就职。虽然目前我国从事心理学研究的队伍不断扩大，但是由于高水平人才的缺乏，西方传统心理学以及现代心理学与神经科学结合研究的思想方法在中国心理学界还没有被广泛地接受并加以应用，因此，我国心理学家在国际顶级科学期刊上发表有国际影响的研究成果的数量极少。高水平心理学人才的缺乏，也使得我国心理学人才的培养存在很大的问题，这对心理学研究在我国的发展十分不利。另一方面，为推动我国心理学研究水平的提高，还需通过各种方式加强我国心理学不同研究单位、个人之间的学术交流与合作，在学术思想上互相学习，在研究方法上互相补充，通过合作产生高水平的研究成果。

心理学的发展，需要国家科研经费的支持。我国各种科学基金对心理学研究的资助还比较弱，资助强度也比较小。例如，目前还没有以心理学问题为主的科研项目获得国家“973”计划项目的支持，国家自然科学基金委员会的重大研究计划和重点项目对心理学领域的支持也比较少。我国心理学研究的经费支持主要来自国家自然科学基金委员会的面上项目或其他资助额度较低的项目。这样的经费支持虽然有利于支持自由探索性的研究项目，但是由于心理学研究方法和技术的变化，特别是与其他学科（如神经科学）相结合所产生的重大科学问题的出现，心理学某些领域的研究工作需要更高强度的持续性的科研经费支持，这是我国心理学界在未来的数年里追赶国际一流心理学研究、产生心理学大师的必要条件，也是培养我国心理学人才和研究队伍的必要条件。

科研经费的强度，一方面应保证自由探索研究的开展，另一方面也应保证不同团队开展合作研究的需求。因此，对这一领域的研究需要科学基金更多的投入，也要考虑神经影像研究的必要性和消耗，在少数项目上应给予比较大强度的持续性科学经费支持，从而保证我国在这些领域开展持续性的研究，并由此培养心理学基础研究方面的人才队伍。通过这些科研项目的实施，不断完善我国在这些领域里的科研环境的建设，也可以通过科学基金和科研项目，吸引优秀人才回国发展，开展相关领域的研究工作。总之，对于这些重大科学问题研究，既要给予较大强度持续性的支持，又要给研究者宽松的研究环境，这些是保证相关领域在5～10年产出有长期国际影响的研究成果的必要条件。

建议在未来5年中，加大有关研究的力度，设置更多的相关研究项目，鼓励人才队伍的发展；同时，创建我国自己的心理健康研究中心，加大对本领域的科研投入。建议提高对杰出青年科学基金、重点项目、重大项目的资助强度，加大国外引进人才的力度；增加对有前景、成绩优秀的项目的资助力度，鼓励研究者专注于所开展的研究，鼓励跨学科跨学部领域的合作研究，并对跨学科的研究团队予以倾斜性资助，争取取得突破性进展。对做出优秀成果的研究组，国家应积极加大资助力度，如以重点项目或重大项目等予以资助。

心理学的发展，还需要加强科研条件和平台建设。仪器设备是心理学研究的重要辅助工具。常用的心理学仪器包括：刺激产生仪器，如速示器记忆鼓、色轮、闪光融合器、棒框调节器、复合器、深度知觉仪、测听器、触觉仪等；反应记录仪器，如反应时仪、多道记录仪、斯金纳箱、迷津、拉什利跳台、测谎器等；控制无关变量的装置，如眼罩、暗室、隔音室、单向透光玻璃、闭路电视等。随着科学技术的发展，心理学仪器也在不断更新，而且越来越趋向于综合化，特别是脑与认知科学、神经科学技术的发展，为心理学研究提供了日益精密的仪器设备，对揭示人类意识的本质、脑的机制、意识与行为的关系等科学问题发挥着越来越重要的作用。神经科学特别是神经影像技术的发展，为心理学研究回答认知、情绪、喜好等科学问题提供了帮助。计算机科学和人工智能的发展，如虚拟环境的设计、虚拟实验系统的不断完善，也为心理学研究通过模拟人的认知过程、通过更为逼真的环境模拟来研究人类认知和行为以及与环境的关系提供了帮助。因此，心理学在未来10年的发展，将对认知和行为实验的仪器设备和技术手段、对认知神经科学的研究设备和技术手段，以及对虚拟现实的技术和系统有迫切和广泛的需求。

主要参考文献

方富熹，方格．2004. 儿童发展心理学．北京：人民教育出版社

国家统计局．2001. 第五次全国人口普查公报（第 1 号，第 2 号）

林崇德，陈英和．2009. 中国发展心理学 30 年的进展．北京师范大学学报（社会科学版），1：38～46

全国老龄工作委员会办公室．2006. 中国人口老龄化发展趋势预测研究报告

中国科学技术协会，中国心理学会．2007. 心理学学科发展报告（2006～2007). 北京：中国科学技术出版社

中国科学技术协会，中国心理学会．2009. 心理学学科发展报告（2008～2009). 北京：中国科学技术出版社

中国科学院人口健康领域战略研究组．2010. 中国至 2050 年人口健康科技发展路线图．北京：科学出版社

中国青少年网络协会．2005. 中国青少年网瘾数据报告

中华人民共和国国务院．2006. 国家中长期科学和技术发展规划纲要（2006—2020 年）

Abbott L F. 2008. Theoretical neuroscience rising. Neuron，60：489～495

Addington J，Addington D. 2008. Social and cognitive functioning in psychosis. Schizophr Res，99：176～181

Bayer H. 2008. Focus on decision making. Nat Neurosci，11：387

Beidel D C，Turner S M. 1997. At risk for anxiety：I. psychopathology in the offspring of anxious parents. J Am Acad Child Adolesc Psychiatry，36：918～924

Bi G，Poo M M. 2001. Synaptic modification by correlated activity：Hebb's postulate revisited. Annu Rev Neurosci，24：139～166

Bouton M E，Moody E W. 2004. Memory processes in classical conditioning. Neurosci Biobehav Rev，28：663～674

Braff D L，Freedman R，Schork N J，et al. 2007. Deconstructing schizophrenia：an overview of the use of endophenotypes in order to understand a complex disorder. Schizophr Bull，33：21～32

Bronfenbrenner U，Morris P A. 2006. The bioecological model of human development. J Comput Aided Mol Des，1：793～828

Cai D，Tao L，Rangan A V，et al. 2006. Kinetic theory for neuronal network dynamics. Commun Math Sci，4：97～127

Caldu X，Dreher J C. 2007. Hormonal and genetic influences on processing reward and social information. Ann N Y Acad Sci，1118：43～73

Canli T，Ferri J，Duman E A. 2009. Genetics of emotion regulation. Neuroscience，164：43～54

Cawkell T. 2003. Understanding virtual reality. J Doc，59：483～488

Cesarini D，Dawes C T，Fowler J H，et al. 2008. Heritability of cooperative behavior in the trust game. Proc Natl Acad Sci USA，105：3721～3726

Chan R C K，Chen E Y H. 2007. Neurological Abnormalities in Chinese patients with schizophrenia. Exp Brain Res，18：171～181

Croner L J，Albright T D. 1999. Seeing the big picture：review integration of image cues in the primate visual system. Neuron，24：777～789

Dan Y，Poo M M. 2006. Spike timing-dependent plasticity：from synapse to perception. Physiol Rev，86：1033～1048

Doya K. 2008. Modulators of decision making. Nature Neuroscience，11：410～416

Duan S M. 2010. Progress in glial cell studies in some laboratories in China. Science China，Life Sciences，53：330～337

Glimcher P W，Camerer C，Poldrack R A，et al. 2008. Neuroeconomics：Decision Making and the Brain. London：Elsevier，Academic Press

Guo A K，Zhang K，Peng Y Q，et al. 2010. Research progress on drosophila visual cognition in China. Science China，Life Sciences，53：374～384

Han S，Northoff G. 2008. Culture-sensitive neural substrates of human cognition：a transcultural neuroimaging approach. Nat Rev Neurosci，9：646～654

Hesposl S J，Spelke E S. 2004. Conceptual precursors to language. Nature，430：453～456

Hoag H. 2003. Neuroengineering：remote control. Nature，423：796～798

Hulshoff，Pol H E，Schnack H G，et al. 2006. Genetic contributions to human brain morphology and intelligence. J Neurosci，26：10235～10242

Itti L，Koch C. 2001. Computational modeling of visual attention. Nat Rev Neurosci，2：194～203

Jiao J W. 2010. Embryonic and adult neural stem cell research in China. Science China，Life Sciences，53：338～341

Kauer J A，Malenka R C. 2007. Synaptic plasticity and addiction. Nat Rev Neurosci，8：844～858

Kim J J, Jung M W. 2006. Neural circuits and mechanisms involved in Pavlovian fear conditioning: a critical review. Neurosci Biobehav Rev, 30: 188～202

Lieberman M D. 2007. Social cognitive neuroscience: a review of core processes. Annu Rev Psychol, 58: 259～289

LoTurco J J. 2000. Neural circuits in the 21st century: synaptic networks of neurons and glia. Proc Natl Acad Sci USA, 97: 8196～8197

Luo Z G. 2010. Synaptic formation and remodeling. Science China, Life Sciences, 53: 315～321

Manoli D S, Meissner G W, Baker B S. 2006. Blueprints for behavior: genetic specification of neural circuitry for innate behaviors. Trends Neurosci, 29: 444～451

Markus H R, Kitayama S. 1991. Culture and the self: implication for cognition, emotion and motivation. Psychol Rev, 98: 224～253

McGaugh J L. 2000. Memory—a century of consolidation. Science, 287: 248～251

McGuffin P, Riley B, Plomin R. 2001. Genomics and behavior: toward behavioral genomics. Science, 291: 1232～1249

McKinnon P J. 2009. DNA repair deficiency and neurological disease. Nat Rev Neurosci, 10: 100～112

Mellers B A. 2000. Choice and the relative pleasure of consequences. Psychological Bulletin, 126: 910～924

Meyer-Lindenberg A, Buckholtz J W, Kolachana B, et al. 2006. Neural mechanisms of genetic risk for impulsivity and violence in humans. Proc Natl Acad Sci USA, 103: 6269～6274

Myers K M, Davis M. 2007. Mechanisms of fear extinction. Molecular Psychiatry, 12: 120～150

Nader K, Hardt O. 2009. A single standard for memory: the case for reconsolidation. Nat Rev, 10: 224～234

National Institute on Drug Abuse. 2002. Reward and decision making: opportunities and future directions. Neuron, 36: 189～192

Platt M L. 2002. Neural correlates of decisions. Curr Opin Neurobiol, 12: 141

Plomin R, Kosslyn S M. 2001. Genes, brain and cognition. Nat Neurosci, 4: 1153～1154

Schultz W, Dickinson A. 2000. Neuronal coding of prediction errors. Annu Rev

Neurosci，23：473～500

Stern P. 2007. Decisions，Decisions. Science，318：585～593

Tronson N C，Taylor J R. 2007. Molecular mechanisms of memory reconsolidation. Nat Rev，8：262～275

Tsao D Y，Livingstone M S. 2008. Mechanisms of face perception. Annu Rev Psychol，31：411～437

Wang Y Z，Xu T L. 2010. Ion channels in neuronal survival. Science China，Life Sciences，53：342～347

Wilson T D，Lindsey S，Schooler T Y. 2000. A model of dual attitudes. Psychol Rev，107：101～126

Wu S，Liang P J. 2010. Computational neuroscience in China. Science China，Life Sciences，53：385～397

Yao H S，Lu H D，Wang W. 2010. Visual neuroscience research in China. Science China，Life Sciences，53：363～373

Yuan X B. 2010. Axon guidance and neuronal migration research in China. Science China，Life Sciences，53：304～314

Zhang X. 2010. Pain research in China. Science China，Life Sciences，53：356～362

Zhang X H，Poo M M. 2010. Progress in neural plasticity. Science China，Life Sciences，53：322～329

Zhou J W. 2010. Recent progress in neurodegenerative disorder research in China. Science China，Life Sciences，53：348～355